水利水电工程建设管理工作实务

黄祚继　黄忠赤　黄守琳　吴其保　等著

黄 河 水 利 出 版 社
·郑州·

内容提要

本书共分十六章,其中第一至第八章主要是建设管理的前期工作,包括项目法人组建、职责、工作制度,水利工程建设程序管理、项目报批程序及招投标等;第九至第十三章主要是项目实施准备、建设过程中主要工作、验收等项目实施阶段工作;第十四至第十六章主要是项目生产准备、保修及后评价等项目后期生产阶段;附录和附件列出了项目法人参考的有关规定、格式等。

本书可供负责水利工程建设管理人员使用,其他水利工程建设管理人员可参照使用。

图书在版编目(CIP)数据

水利水电工程建设管理工作实务/黄祚继等著.—郑州:黄河水利出版社,2012.7

ISBN 978-7-5509-0310-4

Ⅰ.①水… Ⅱ.①黄… Ⅲ.①水利工程-施工管理②水力发电工程-施工管理 Ⅳ.①TV512

中国版本图书馆 CIP 数据核字(2012)第 165497 号

策划编辑:李洪良 电话:0371-66024331 E-mail:hongliang0013@163.com

出 版 社:黄河水利出版社 网址:www.yrcp.com

地址:河南省郑州市顺河路黄委会综合楼 14 层 邮政编码:450003

发行单位:黄河水利出版社

发行部电话:0371-66026940、66020550、66028024、66022620(传真)

E-mail:hhslcbs@126.com

承印单位:黄河水利委员会印刷厂

开本:787 mm×1 092 mm 1/16

印张:9.5

字数:220 千字 印数:1—1 000

版次:2012 年 7 月第 1 版 印次:2012 年 7 月第 1 次印刷

定价:38.00 元

《水利水电工程建设管理工作实务》
编委会

前　言

根据《中共中央、国务院关于加快水利改革发展的决定》（中发［2011］1号）文件精神，水利基本建设又上升到国家一个新的高度，水利工程建设又迎来新的高潮，而目前建设单位水利工程专业技术人员管理和技术水平等综合能力有待进一步提高；为了提高建设单位特别是具体从事建设管理负责人的合同、安全、质量意识，贯彻落实中央1号文件及《安徽省人民政府办公厅关于加快建筑业发展的意见》（皖政办［2009］103号）文件精神，针对水利工程现状，特编写本书。

本书共十六章，主要是水利工程前期工作、项目实施准备、建设过程中主要工作、验收等建设阶段和项目生产准备、运行及后评估阶段等。

本书编写人员及编写分工如下：张法宝编写第一章，邵东超编写第二章，汪霞编写第三章，张俊编写第四章第一、二、三、四节，李燕编写第四章第五、六、七、八、九、十节，赵殿信编写第四章第十一、十二节及第十章第三、五节，王光平编写第五章，左敦厚编写第六章，黄祚继编写第七章第一、二、三、四节，胡国良编写第七章第五、六节，张莹莹编写第八章第一、二、三、四节，刘静静编写第八章第五、六、七、八、九节，吴其保编写第九章，黄忠赤编写第十章第一、二、四、六、七、八、九节，柏瑞编写第十一章，沈曙编写第十二章，黄守琳编写第十三章，刘张翅编写第十四章，齐世宏编写第十五章，陈斌编写第十六章，闫文娟编写附录和附件1、2、3、4、5，李爱香编写附件6、7。

本书通稿和校对由黄守琳和吴其保共同完成，由黄祚继、黄忠赤统审。

本书适用于负责水利工程建设管理的项目负责人使用，其他项目管理人员也可参照使用。

本书在编写过程中得到安徽省水利厅基建处、安徽省水利科学研究院、安徽省大禹工程建设监理咨询有限公司、安徽科源工程建设招标代理有限责任公司的大力支持和帮助，在此表示诚挚的感谢！

由于编者水平有限、时间仓促，书中不足之处敬请读者斧正。

编　者

2012年6月

目　录

第一章 绪 论

第一节 项目法人的定义

水利工程建设的项目法人,是指以水利工程建设为目的,在水利工程项目建设的初步设计、施工准备、建设实施、竣工验收、生产准备、后评价等阶段,作为责任主体负责建设管理活动的法人(或组织)。

第二节 水利工程项目法人责任制

水利工程建设实行项目法人责任制经历了一个过程。

1995 年以前,国家计委、水利部对公益性水利工程并未下发文件要求必须实行项目法人责任制。

1995 年 4 月水利部《水利工程建设项目实行项目法人责任制的若干意见》(水建[1995]129 号)规定:"今后新开工的生产经营性项目原则上都要实行项目法人责任制;其他类型的项目应积极创造条件,实行项目法人责任制。"

1996 年 4 月国家计委《关于实行建设项目法人责任制的暂行规定》(计建设[1996]637 号)规定:"国有单位经营性基本建设大中型项目在建设阶段必须组建项目法人。"项目法人可按《中华人民共和国公司法》的规定设立有限责任公司和股份有限公司。按此规定,在此期间,根据 1997 年 10 月国家计委发布的《水利产业政策》中确定的乙类水利建设项目(以经济效益为主的供水、水力发电、水库养殖、水上旅游、水利综合经营等项目),均组建了公司(企业法人),如黄河万家寨水利枢纽有限公司、三峡工程建设总公司等。对于以效益为主、公益性较强的甲类水利建设项目(防洪除涝、农田灌排、城市防洪、水土保持、水资源保护等)均未实行项目法人责任制,而实行了领导党小组、工程指挥部等管理体制。

1999 年 2 月 13 日,《国务院办公厅关于加强基础设施工程质量管理体制的通知》(国办发[1999]16 号)规定:"基础设施项目,除军事工程等特殊情况外,都要按政企分开的原则组建项目法人,实行建设项目法人责任制,由项目法人代表人对工程质量负总责。凡没有实行项目法人责任制的在建项目,要限期进行整改。"这一通知,扩大了项目法人责任制实行范围,除军事工程外,包括堤防工程在内的防洪工程等水利项目工程建设都要实行项目法人责任制。

根据上述通知的要求,水利部于 1999 年 2 月 14 日发布了《堤防工程建设管理暂行办法》(水建管[1999]78 号),其中明确规定:"堤防工程建设实行项目法人责任制。"要按照报批的整体建设项目明确建设项目法人责任主体，组建项目法人。1999 年 4 月 2 日，水利建管司印发《关于在建水利工程实行项目法人责任制整改工作的通知》（建管综［1999］3 号），要求“凡是由国家投资的在建水利基建设施项目均要实行项目法人责任制”、“凡是由国家投资的在建水利基础设施项目，没有实行项目法人责任制的，均要进行整改”，并要求“公益性为主的项目，负责征地移民等外部协调的领导（指挥）机构和负责工程建设的项目法人机构应有明确的职责分工，并责任到位”。

2000 年 7 月 1 日，国务院以国发［2000］20 号批转了国家计委、财政部、水利部和建设部《关于加强公益性水利工程建设管理若干意见》，要求在公益性水利工程建设管理体制中建立健全水利工程建设项目法人责任制，并对中央和地方水利工程建设项目的项目法人组建及主权职责作出了规定。

2001 年 3 月 9 日，水利部以水建管［2001］74 号文印发《关于贯彻落实加强公益性水利工程建设管理若干意见的实施意见的通知》（以下简称《实施意见》），对公益性水利工程建设实行项目法人责任制进一步作出了详细的规定。

目前，所有的水利工程建设均实行了项目法人责任制。

第三节 实行项目法人责任制的必要性

项目法人责任制是我国现行水利工程建设项目管理实行的“四制”之一。实行项目法人责任制，是抓好水利工程建设项目管理最基础、最重要的环节，是全面实行水利工程招标投标制、建设监理制、合同管理制的可靠保证。实行项目法人责任制，有利于建立水利工程建设项目投资管理责任约束机制，规范项目法人的行为，明确项目法人的职责、权利和义务，使项目法人的责、权、利三者结合在一起，从而建立高效的投资运行机制和项目管理机制，使水利工程建设项目投资责任主体走上自主经营、自我决策、自担风险、追求效益的良性发展道路；实行项目法人责任制，有利于落实水利工程质量终身制，强化现场生产安全管理，从而提高建设管理水平，促进水利工程质量和生产安全；实行项目法人责任制，有利于活跃水利建筑市场，拓宽水利工程融资渠道，节约水利工程投资；实行项目法人责任制，也有利于优化工程组织实施安排，促进解决工程建设过程中的制约性难题，加快水利工程建设进度。

项目法人责任制的核心内容是明确了由项目法人承担投资风险，明确了项目法人不但负责建设而且负责建成以后的生产经营和归还贷款本息。项目法人要对项目的建设与投产后的生产经营实行一条龙管理，全面负责。我国实行项目法人责任制，由项目法人对项目的策划、资金筹措、建设实施、生产经营、债务偿还和资产的保值增值，实行全过程负责。

项目法人责任制，是建立社会主义市场经济的需要，是转换建设项目投资经营机制，提高投资效益的一项重要改革措施。体现了项目法人和建设项目之间的责、权、利，是新形势下进行项目管理体制的一种行之有效的手段。

建立项目法人责任制意义重大。在建立社会主义市场经济体制的过程中，要更加重视和发挥市场在优化资源配置上的作用。投资建设领域要实现这一改革目标，除要积极培育和建立建设资金市场、建筑市场外，重要的一点就是要实行政企分开，把投资的所有权与经营权分离，由项目法人从建设项目的筹划、筹资、设计、建设实施直到生产经营、归还贷款本息以及国有资产的保值增值实行全过程负责，承担投资风险，从而真正建立起一种投资主体自求发展、自觉协调、自我约束、讲求效益的微观运行机制。因此，推行项目法人责任制，不仅是一种新的项目组织管理形式，而且是社会主义市场经济体制在投资建设领域实际运行的重要基础。

实行项目法人责任制，一是明确了由项目法人承担投资风险，因而强化了项目法人及投资方和经营方的自我约束机制，对控制工程概算、工程质量和建设进度可起到积极的作用。二是项目法人不仅负责建设而且负责建成以后的经营和还款，对项目的建设与投产后的生产经营实行一条龙管理，全面负责。这样可把建设的责任和生产经营的责任密切结合起来，从而较好地克服了基建管花钱、生产管还款，建设与生产经营相互脱节的弊端。三是可以促进招标工作、建设监理工作等其他基本建设管理制度的健康发展，提高投资效益。

第四节 项目法人的类型

我国的项目法人根据成立单位性质不同分以下四种：企业法人、机关法人、事业单位法人、社会团体法人。

(1)企业法人，指以营利为目的，从事经济活动，并实行独立核算的法人。企业依法经工商行政主管机关核准登记，即取得了法人资格。

(2)机关法人，指依据法律、法规、决议、命令等成立，主要从事国家管理或行使国家权力，以国家预算拨款作为独立活动经费，主要包括具有法人地位的中央和地方各级国家机关。不需要办理法人登记，从成立之日起即具有法人资格。

(3)事业单位法人(事业法人)，指以社会利益为目的，从事社会各项事业，拥有独立经费和财产的各种社会组织。他们依照法律、法规或经政府(或授权的主管部门)批准成立，即取得法人资格，有的需要核准登记手续，办理登记手续后取得法人资格。

(4)社会团体法人，指从事非营利性经济活动和行政管理活动以外的其他社会活动，由若干成员为了相同目的而自愿结合组成的社会组织。一般经民政部门注册登记后，即取得法人资格。

第五节 项目法人的组建

投资各方在酝酿建设项目的同时，即可组建并确立项目法人，做到先有法人，后有项目。

国有单一投资主体投资建设的项目，应设立国有独资公司；两个及两个以上投资主体合资建设的项目，要组建规范的有限责任公司或股份有限公司。具体办法按《中华人民共和国公司法》、国家体改委颁发的《有限责任公司规范意见》、《股份有限公司规划意见》和国家计委颁发的《关于建设项目实行业主责任制的暂行规定》等有关规定执行，以明晰产权，分清责任，行使权力。

独资公司、有限责任公司、股份有限公司或其他项目建设组织即为项目法人。

第二章 公益性水利工程项目法人组建

第一节 组建时间

根据国家计委《关于实行建设项目法人责任制的暂行规定》(计建设[1996]673 号)第六条规定,项目可行性研究报告批准后,正式成立项目法人。

水利部《关于贯彻落实加强公益性水利工程建设管理若干实施意见》(水建管[2001]74 号)规定,项目主管部门应在可行性研究报告批复后,施工准备工程开工前完成项目法人组建。

第二节 组建管辖

组建管辖即由谁负责组建的问题,先后有不同的文件作了不同规定,依据法律效力的规定,应以国务院批转国家计委、财政部、水利部、建设部《关于加强公益性水利工程建设管理的若干意见》(国发[2000]20 号)的规定为准。即中央项目由水利部(或流域机构)负责组建项目法人,任命法人代表;地方项目由项目所在地的县级以上地方人民政府组建项目法人,任命法人代表,其中总投资在 2 亿元以上的地方大型水利工程项目,由项目所在地省(自治区、直辖市及单列市)人民政府负责或委托组建项目法人,任命法人代表。具体实施中,关键是要正确理解和掌握"负责组建"的含义。负责组建,首先要责成项目法人筹备机构或有关水行政主管部门拟订项目法人组建方案,其内容包括:项目法人类型、模式、名称、内设机构、人员组成、主要负责人和技术负责人选、办公地点、经费财产落实等,组建方案经研究同意后,以负责组建单位名义发布组建文件。有的地方片面地把"负责组建"理解为"作为",即由谁负责组建谁就作为项目法人,这是不对的。

另一种是将"建设单位"作为项目法人具体实施工程建设管理的代理。也是法律上独立的法人机构。在线路较长的堤防工程建设和打捆的江河治理或防洪工程项目中,出现项目法人—建设单位两个层次的责任主体。水利部《堤防工程建设管理暂行办法》(水建管[1999]78 号)第八条规定:"要按照报批的整体建设项目明确建设项目责任主体,组建项目法人。项目法人根据工程需要应设立具体实施工程建设管理的建设单位。"按照这个规定,对于湖南省四水治理、河北省大清河治理、鄱阳湖二期防洪工程等由若干个处在不同地、市、县的单项工程组成的打捆项目,只组建一个整体建设项目的项目法人是不符合工程建设需要的,必须按照"统一管理、分堤实施建设、分属地组建建设单位"的做法,组建若干个建设单位负责建设实施。所以,在实际操作中,项目法人有两种机构层次,一种是项目法人(建设单位),另一种是项目法人—建设单位,但二者要明晰职责,各负其责。

第三节　组建要求

一、组建项目法人审批和备案程序

组建项目法人要按项目的管理权限上报上级主管部门审批和备案：

中央项目由水利部（或流域机构）负责组建项目法人。流域机构负责组建项目法人的应在水利部备案。

地方项目由县级以上人民政府或其委托的同级水行政主管部门负责组建项目法人并报上级人民政府或其委托的水行政主管部门审批，其中总投资在2亿元以上的地方大型水利工程项目由项目所在地的省（自治区、直辖市及单列市）人民政府或其委托的水行政主管部门负责组建项目法人，任命法定代表人（以下简称法人代表）。

新建项目一般应按建管一体的原则组建项目法人。除险加固、续建配套、改建扩建等建设项目，原管理单位基本具备项目法人条件的，原则上由原管理单位作为项目法人或以其为基础组建项目法人。

一、二级堤防工程的项目法人可承担多个子项目的建设管理，项目法人的组建应报项目所在流域的流域机构备案。

二、组建项目法人需具备的条件

组建项目法人需具备下列条件：

（1）具备相对独立的组织。内部机构设置、人员配备能满足工程建设的需要。

（2）经济上独立核算或分级核算。

（3）主要行政和技术、经济负责人是专职人员，并保持相对稳定。

三、组建项目法人需上报材料的主要内容

组建项目法人需上报材料的主要内容包括：

（1）项目主管部门名称。

（2）项目法人名称、办公地址。

（3）法人代表姓名、年龄、文化程度、专业技术职称、参加工程建设简历。

（4）技术负责人姓名、年龄、文化程度、专业技术职称、参加工程建设简历。

（5）机构设置、职能及管理人员情况。

（6）主要规章制度。

四、水利工程建设项目的项目法人应具备的基本条件

（1）法定代表人应为专职人员，熟悉有关水利工程建设的方针、政策和法规，具有组织水利工程建设管理的经历，有比较丰富的建设管理经验和较强的组织协调能力，并参加过相应培训。

（2）技术负责人应为专职人员，具有水利专业中级以上技术职称，有比较丰富的技术

管理经验和扎实的专业理论知识，参与过类似规模水利工程建设的技术管理工作，具有处理工程建设中重大技术问题的能力。

(3)财务负责人应为专职人员，熟悉有关水利工程建设经济财务管理的政策法规，具有专业技术职称和相应的从业资格，有比较丰富的经济财务管理经验，具有处理工程建设中财务审计问题的能力。

(4)人员结构合理，应有满足工程建设需要的技术、经济、财务、招标、合同管理等方面的管理人员，人员数量原则上应不少于12人，其中具有各类专业技术职称的人员应不少于总人数的50%。中型工程项目法人具有各级专业技术职称的人员比例，可根据工程规模的大小参照执行。

第四节　创新项目法人组建工作

指导统一组建项目法人，实行专业化管理。调研各地统一组建项目法人的经验，摸排建设任务重的市县，选择有条件、积极性高的县区作为试点，在试点取得经验的基础上，力求建设任务重的县都有统一的、专业化的项目法人。

适时组织市县水利建设管理人员培训，提高项目管理、招标投标、质量管理、造价管理、财务管理水平。

加大指导帮扶力度。以提高基层水利部门建设管理能力为基础，根据各地实际需要，有计划地加强技术服务、项目管理等方面的帮扶指导。指导各地选择责任心强、技术过硬的人员担任建设管理工作；定期组织专家赴重点薄弱地区指导项目法人组建、招标投标、质量安全管理、财务管理工作的开展，帮助完善各项管理制度和业务管理规范，提高建设管理水平。

第三章　项目法人的职责

第一节　项目法人责任制的范围

根据水利行业特点和建设项目不同的社会效益、经济效益和市场需求等情况，将建设项目划分为生产经营性、有偿服务性和社会公益性三类项目。今后新开工的项目原则上都要实行项目法人责任制。

第二节　项目法人的主要管理职责

(1)负责筹集建设资金，落实所需外部配套条件，做好各项前期工作。

(2)按照国家有关规定，审查或审定工程设计、概算、集资计划和用款计划。

(3)负责组织工程设计、监理、设备采购和施工的招标工作，审定招标方案。要对投标单位的资质进行全面审查，综合评选，择优选择中标单位。

(4)审定项目年度投资和建设计划；审定项目财务预算、决算；按合同规定审定归还贷款和其他债务的数额，审定利润分配方案。

(5)按国家有关规定，审定项目法人机构编制、劳动用工及职工工资福利方案等，自主决定人事聘任。

(6)建立建设情况报告制度，定期向水利建设主管部门报送项目建设情况。

(7)项目投产前，要组织运行管理班子，培训管理人员，做好各项生产准备工作。

(8)项目按批准的设计文件内容建成后，要及时组织验收和办理竣工决算。

第三节　项目法人在建设阶段的主要职责

(1)组织初步设计文件的编制、审核、申报等工作。

(2)按照基本建设程序和批准的建设规模、内容、标准组织工程建设。

(3)根据工程建设需要组建现场管理体制机构并负责任免其主要行政及技术、财务负责人。

(4)负责办理工程质量监督、工程报建和主体工程开工报告报批手续。

(5)负责与项目所在地地方人民政府及有关部门协调解决好工程建设外部条件。

(6)依法对工程项目的勘察、设计、监理、施工和材料及设备等组织招标，并签订有关合同。

(7)组织编制、审核、上报项目年度建设计划，落实年度工程建设资金，严格按照概算控制工程投资，用好、管好建设资金。

(8)负责监督检查现场管理机构建设管理情况、包括工程投资、工期、质量、生产安全和工程建设责任制情况等。

(9)负责组织制订、上报在建工程度汛计划、相应的安全度汛措施,并对在建工程进行安全度汛决算。

(10)负责组织编制竣工决算。

(11)负责按照有关验收规程组织或参与验收工作。

(12)负责工程档案资料的管理,包括对各参建单位所形成档案资料的收集、整理、归档工作进行监督、检查。

第四节　项目法人的考核

(1)项目主管部门负责对项目法人及其法定代表人和技术、经济负责人的考核管理工作。

(2)项目主管部门要根据项目法定代表人、技术负责人和经济负责人等岗位的特点,确定考核内容、考核指标和考核标准,对其实行年度考核的任期考核,重点考核工作业绩,并建立业绩档案。

(3)考核的主要内容包括:

①遵守国家颁布的固定资产投资、资金管理与建设管理体制的法律、法规和规章的情况。

②年度建设计划和批准的设计文件的执行情况。

③建设工期、工程质量和生产安全情况。

④概算控制、资金使用和工程组织管理情况。

⑤生产能力和国有资产形成及投资效益情况。

⑥土地、环境保护和国有资源利用情况。

⑦精神文明建设情况。

⑧信息管理、工程档案资料管理情况。

⑨其他需考核的事项。

(4)建立奖惩制度。根据项目建设者的考核情况,项目主管部门可在工程造价、工期和生产安全得到有效控制,工程质量优良的前提下,对为建设项目做出突出成绩的项目法定代表人及有关人员奖励,奖金可在工程建设结余中列支;对在项目建设中出现较大工程质量和生产安全事故的项目法定代表人及有关人员进行处罚。

第五节　现场建设管理机构

现场建设管理机构是项目法人的派出机构,其职责应根据实际情况由项目法人制定,一般应包括以下主要内容:

(1)协助、配合地方政府征地、拆迁和移民等工作。

(2)组织施工用水、电、通信、道路和场地平整等准备工作及必要的生产、生活临时设施的建设。

(3)编制、上报年度建设计划,负责按批准后的年度建设计划组织实施。

(4)加强施工现场管理,严格禁止转包、违法分包行为。

(5)按照项目法人与参建各方签订的合同进行合同管理。

(6)及时组织研究和处理建设过程中出现的技术、经济和管理问题,按时办理工程结算。

(7)组织编制度汛方案,落实有关安全度汛措施。

(8)负责建设项目范围内的环境保护、劳动卫生和安全生产等管理工作。

(9)按时编制和上报计划、财务、工程建设情况等统计报表。

(10)按规定做好工程验收工作。

(11)负责现场应归档材料的收集、整理和归档工作。

第六节　项目法人的权利、义务、责任和风险

一、权利

(1)按行政主管部门指示,有制订月、季、年计划的权利。

(2)有权同意或拒绝承包方转让或分包工程任何部分的要求。批准履约担保,批准工程保险。

(3)批准合同规定以外征占施工用地。

(4)批准合同以外承包方提出新的施工条件。

(5)批准修改工程控制性工期和总工期。

(6)批准重大的合同变更、工程设计变更。

(7)批准备用金的使用。

(8)办理每期(分月)进度支付工程款、工程预付款、材料(设备)预付款、索赔、调整合同价格和物价、合同最终决算等。

(9)如果承包方违反合同规定或违约,有向承包方索赔的权利。

(10)有决定罚没逾期完工违约金的权利。

(11)如果承包方违约时,有解除对承包方全部或部分合同的权利,可另行组织人员或委托其他承包人施工,并有罚没履约担保金和保留金的权利,用以补偿给项目法人造成的损失。

(12)当发生争议时,项目法人有要求争议调解评审或要求仲裁的权利。项目法人一旦提出上述意向,监理工程师的决定成为临时决定,项目法人不受此决定的约束。

(13)项目法人有对监理人授权、扩大授权和限制授权的权利。有撤换监理人员的权利,也有撤换承包方各级机构人员(不能胜任工作)的权利。

(14)单位工程和部分工程验收由发包人或授权监理人签发工程移交证书。

(15)工程完工验收由发包人主持验收,并签署工程移交证书。

(16)工程保修期满后,由发包人或授权监理签署保修责任终止证书。

二、义务

(1)提供施工用地。

(2)提供部分施工条件和施工准备工程。

(3)移交测量基准点及有关资料。

(4)提供必需的水文和地质勘探资料。

(5)提供施工图纸。

(6)协调外部关系,创造良好的施工环境。

三、责任

(1)遵守法律、法规和规章,承担自身引起的法律责任。

(2)支付工程价款、完工结算和最终结算。

(3)发布开工通知(一般是通过监理工程师发布)。

(4)办理由项目法人投保的保险。

(5)统一管理工程的文明施工。

(6)工地的治安保卫和施工安全。

(7)环境保护。

(8)组织工程验收。

四、风险

(1)项目法人负责提供的工程设计不当造成的损失和损害。

(2)由于项目法人责任造成工程设备的损失和损坏。

(3)项目法人提供,并列入合同文件的水文、地质资料未能预见到的自然因素,以及承包方无法预测或合同防洪的其他自然灾害造成的损失和损坏。

(4)战争、动乱等社会因素造成的损失和损坏。

(5)其他由于发包人原因造成的损失和损坏。

第四章　项目法人工作制度

第一节　质量管理制度

(1)当将工程发包给具有相应资质等级的单位,应委托有资质的勘察设计单位、监理单位进行工程的设计和监理。

(2)不得以各种理由明示或暗示施工单位使用不合格的建筑材料、建筑构配件和设备;不应以任何理由干扰监理单位合理的质量控制和降低工程的质量标准。

(3)建立质量检查体系,检查监理单位质量检查体系和施工单位质量保证体系建立情况。

(4)坚持工程合格是工程结算的必要条件与执行情况。

(5)坚持未经监理单位签字,不拨付工程进度款的原则。

第二节　进度管理制度

(1)目标进度的预测:对进度目标的预测,对市场供应(资金、物资、机械设备、劳动力)状况的预测,对技术因素的预测,对影响因素和风险因素的预测。

(2)进度因素分析:即对人为因素、技术因素、材料和设备因素、机具因素、地基因素、资金因素、气候因素、环境因素等进行分析。

(3)编制进度总计划,并进行动态管理。

(4)检查保证进度控制措施落实情况。

(5)建立和完善例会制度。

第三节　资金管理制度

(1)项目法人资金管理职责。

①贯彻执行水利建设资金管理的规章制度,建立健全内部资金管理制度;

②及时筹集项目建设资金,保证工程建设;

③严格按照批准的建设规模、建设内容、建设标准和概算投资合理有效使用建设资金;

④审查办理工程价款结算,并对其合法性、真实性、准确性负责;

⑤监督检查现场建设管理机构、征迁管理机构的资金使用管理情况,对发现的问题及时督促整改,问题严重的报主管部门处理;

⑥根据合同约定,监督检查施工、监理、设计等单位与工程相关的财务收支情况。

(2)项目法人要建立严格的资金授权批准制度,明确单位负责人及有关人员的授权批准方式、权限、程序、责任和相关控制措施。重要资金支付业务,实行集体决策和审批。项目所有款项支付须按经办人审查、有关业务部门(包括监理工程师)审核、单位负责人核准签字的程序办理。

(3)加强工程造价管理,严把工程计量支付关。对工程清单内的工程量,要审核其是否为完成的合格工程,未经审核合格的不予计量;对工程变更的工程量,要认真审核其必要性,确需变更的要严格履行变更程序后方可确认;对承包人提出的索赔事项,要根据合同文件分清责任,审查其证明材料的真实性、时效性,合理确定索赔金额,严格控制索赔事项的发生。

(4)及时向承包人支付工程进度款。按合同约定应扣回的工程预付款和质量保证金,与工程进度款同期抵扣。工程价款应支付到合同约定的承包人的银行账户,可使用银行本票、汇票、转账支票,严禁大额现金支付和支票背书转让。

(5)工程价款支付应符合以下程序:

①承包人申报;

②监理工程师审核;

③项目法人工程部门、财务部门审核;

④项目法人代表(主要负责人)审批;

⑤承包人提供完税发票。

(6)工程竣工支付条件。

①承包人已提供经确认的竣工结算资料;

②工程合同内容已通过验收,具有项目法人、监理单位、施工单位等共同签字的验收资料;

③承包人已开具了包括质量保证金在内的全部价款完税发票。

(7)征地补偿和移民安置经费应专户存储,专款专用,专账核算,严格按照批准的项目、内容、标准使用。

(8)会计核算要及时、准确,做到专款专用、专账核算。合同签订之前不得支付预付款,开工之前不得支付工程款,管理机构批准成立之前不得列支建管费,保修期满之前不得结清质保金,报批核准之前不得动用预备费;杜绝白条抵库等违规现象;严禁在建设成本中列支概算外项目以及国家法律、法规规定以外的各种违规支出。

(9)按照有关规定,及时、准确、完整地编制竣工决算,并及时上报主管部门审批。

(10)建立健全内部牵制制度,坚持会计出纳分设、票据印鉴分管制,严禁一人保管全部银行印鉴,不得由一人办理货币资金收支业务全过程。应定期或不定期地进行现金盘点和银行日记账与银行对账单的核对,确保账实相符、账单相符。

(11)加强建设期自用固定资产的采购管理,严格按照批准概预算标准购置,优先选择政府定点采购单位,成批采购事项应附询价及比选意见,并与供应方签订经济合同,属政府采购范围的物品应按政府采购要求办理。完善固定资产验收、领用、调拨、处置等日常管理制度,定期进行固定资产清理,对出借、出售、盘盈、盘亏的固定资产应按规定程序报主管部门批准,需报废的固定资产未经批准不得随意拆除或变价处理。

(12)项目竣工验收前,项目法人应根据审计后的竣工财务决算,编制交付使用资产明细表,会同资产接收单位进行实地逐项查验核实,形成资产移交意见,在竣工验收时提交验收委员会正式办理交接手续。

第四节　综合协调管理制度

(1)参与工程项目可行性研究、初步设计等前期阶段的配合工作。

(2)负责进行工程建设的施工、监理、设备制造、物资供应、招标评标等工作。

(3)负责落实工程建设范围内的征地补偿和移民安置工作。

(4)组织协调工程建设各参建单位和地方有关部门的关系,确保工程建设顺利进行。

(5)发现施工现场存在问题要予以记录,及时提醒、督促并落实有关单位研究解决。

(6)负责协调地方关系,营造良好的施工外部环境。

(7)负责工程建设期间安全生产、文明建设工地的创建工作。

(8)负责职工政治思想道德教育,做好职工队伍建设。

第五节　信息管理制度

(1)项目法人对档案工作负全面责任,要求明确档案负责人、分管责任人,建立健全建设、施工、监理单位组成的档案责任网络,形成各级部门和有关人员各尽其责、各司其职的工作制度。

(2)在工程招标时,须把档案整理有关要求写进招标文件,在合同条款中明确所提交的档案整编内容、套数、时间、质量要求和违约责任。

(3)建立工程资料处理制度:收文、发文必须进行登记、统一编码;严格按照收、发文处理流程进行收、发文。

(4)项目法人应按"分门别类、科学合理、方便利用、少重不漏"的原则,按照水利部《水利工程建设项目档案验收管理办法》、《水利工程建设项目档案管理规定》和国家档案局、国家发改委联合印发的《重大建设项目档案验收办法》等规定,对归档范围、档案组卷、案卷编目、案卷装订、归档份数、保管期限及质量等提出详细而明确的要求。

(5)项目法人应积极开展档案培训工作,提高相关人员的管理水平。

(6)对在建设期形成的文件材料,应随时收集,随时整理,按工程单位或单项分类、对号入座。

(7)为保证工程建设项目资料和信息收集整理、归档与工程建设进度同步:凡未按合同要求完成归档工作的项目不予验收;凡未办理档案移交手续的项目,不办理工程尾款结付;在日常的项目管理上,凡是质量评定资料不完善的单元工程,一律不进行质量评定,不予计量支付;阶段工程报验时,相应分部工程、单位工程资料未整编好,同样不予验收。

(8)在接收工程技术档案时,对资料严格把关,及时登记、整编,档案移交必须履行签字手续。

第六节 合同管理制度

建设项目合同管理的概念有微观与宏观之分。微观的建设项目合同管理，是指对项目合同的编制、签订、实施、变更、索赔和终止的管理活动；宏观的建设项目合同管理，是指以完成项目建设为目标，以合同关系为纽带，以合同约定为依据，进行计划、组织、协调、控制、决策，整合、配置社会资源的管理活动。

一、重视合同文本的拟定与分析

（1）在合同文本的形式上，应该尽量采用合同示范文本。

（2）在拟定合同文本的内容时，合同管理人员必须对工程现状进行深入调研，使拟定合同具有预见性，且要对合同进行细致分析，避免所拟定的条款出现歧义。

（3）拟定合同文本要把握以下要点：明确合同订立时间及优先顺序；约定价款中核定工程量清单的时间期限；专用条款中明确组成合同的文件及解释顺序；重视索赔条款的拟定。应该对所拟定的合同初稿进行合法性分析及完备性分析。确认发包人和承包人双方是否具备相应资格；工程项目是否具备签订与实施合同的条件；招标投标过程是否符合法定程序；合同是否符合现行法律法规的要求。同时要确保构成合同的各种文件齐全、合同条款齐全、合同用词准确，对工程可能出现的不确定情况有足够的预见性。

二、建立健全项目合同管理制度

（一）合同交底制度

合同签订后，合同管理人员应该对各级项目管理人员和各工作组负责人进行合同交底，对合同的主要内容作出解释和说明，形成合同交底制度。

（二）责任分解制度

合同管理人员将各种合同时间的责任分解落实到各工作小组，明确其工作范围和责任，通过合同任务的层层分解，将任务落实到人，协调各方面积极配合，共同实施合同。

（三）每日工作报送制度

要求各职能部门将本部门的工作情况及未来一周的工作计划报送到合同管理处，能够确保合同管理人员及时掌握工程信息，对各种问题作出正确决策。

（四）进度款审查批准制度

建立进度款审查批准制度有利于合同管理部门从合同角度对进度款进行审核。

（五）合同效力管理制度

主要是要求合同管理人员通过管理活动拟定出合法有效的合同，从工程建设施工合同来看，其无效的主要原因包括以下几个方面：

（1）主体资格条件。如施工单位没有或超越资质或借用他人资质承揽工程。

（2）项目合法性条件。如建设工程项目未取得规划许可证等批准文件。

（3）缔约行为违法。如必须招标而未招标或招标活动违反招标投标法的强制性规定。

(4)合同转让行为违法。如转包和违法分包工程。

(5)合同内容违法。如指定建筑材料供应商。

三、合同动态管理

(1)重视现场签证。在按照合同条款支付时应该防止过早、过量签证，特别是合同变更补充协议的签认须格外谨慎，签证必须依据相关合同条款衡量，起到相互制约的作用。尤其要重视设计变更与施工图错误，此类签证只需签变更或修正的项目，原图纸不变的勿重复签证，已经下料和购料的，务必签写清楚材料名称、规格、型号、数量、变更日期、运输情况、到场情况、成品情况、有无回收或代用等详细情况。

(2)及时记录、收集和整理工程所涉及的各种文件(如图纸、计划、技术说明、规范、变更指令等)，对合同变更部分进行审核与分析。

(3)及时处理停工损失(包括由非承包商责任造成的停工损失)，双方按合同约定的时间以书面形式，按合法程序签认停工的相关具体内容。

(4)严格执行定额规定，对于未对定额进行规定的情况，应根据工程实际情况或者参考同类定额及有关规定作出补偿。

四、合同履行评价制度

在合同终止之后，合同管理人员应该做好建筑工程项目合同资料的收集、保存、整理、分类、登记、编号、装订、归档备案工作，实现工程合同档案管理程序化和规范化。同时，对合同履行情况与具体的工程实施计划进行分析比较，对合同履行情况作出客观评价，从中找出差异和干扰因素并分析其原因。总结合同履行与管理的经验与教训，用于指导今后的合同管理工作，实现提高合同谈判的成交率和合同现代化管理水平的目标。

第七节　安全管理制度

建设工程的安全生产，不仅关系到人民群众的生命和财产安全，而且关系到国家的经济发展、社会的全面进步。从安全生产面临的形势和加强安全生产管理的实际需要，我国政府采取切实有效的措施，加大安全生产立法工作力度，安全生产取得了明显成效。1997年11月1日通过的《中华人民共和国建筑法》，对建筑工程安全生产管理作出了明确规定；2002年6月29日通过的《中华人民共和国安全生产法》，对生产经营单位的安全生产责任作出了明确规定；2003年11月12日通过的《建设工程安全生产管理条例》(国务院令第393号)，对建设工程施工活动中涉及的建设各方安全生产责任作出了具体规定，同时也明确了建设各方安全生产法律责任；2004年1月9日，国务院印发的《国务院关于进一步加强安全生产工作的决定》(国发[2004]2号)从5个方面对安全生产作出了相关规定；2005年3月，水利部印发了《关于建立水利建设工程安全生产条件市场准入制度的通知》(水建管[2005]80号)，明确要求监理单位应增强安全生产意识，提高施工现场安全生产监督检查水平；2005年7月22日，水利部颁布实施了《水利工程建设安全生产管理规定》(水利部令第26号)，明确了水利工程参建各方的安全责任。现行有效的专门关于安全生产的法律、行政法规等文件总数达 20 余部。实践证明，安全生产法律法规的完善对于加强安全生产管理、落实安全生产责任制、防止和减少生产安全事故、保障人民群众的生命和财产安全发挥了积极作用。

安全生产要建立如下制度：

(1)安全责任制度。

(2)安全检查制度。

①定期检查；

②经常性检查；

③季节性、节假日检查；

④建立检查登记、整改台账。

(3)安全教育制度。

(4)安全值班制度。

(5)安全技术管理制度。

(6)奖惩与考核制度。

(7)防护用品使用制度。

(8)消防安全管理制度。

(9)事故管理制度。

第八节　环境管理制度

环境保护要建立如下管理制度：

(1)环境保护目标责任制。

(2)落实环境监理制。

(3)建立环境保护组织体系。

(4)环境保护规划制度。

(5)宣传教育制度。

(6)重要环境因素、重大危险源评价制度。

(7)污染源控制制度。

(8)监督检查制度。

(9)事故报告、处理制度。

(10)制定环境基本保护措施：

①植物、植被保护措施；

②人文、自然景观保护措施；

③噪声控制措施；

④水环境保护措施；

⑤空气环境保护措施；

⑥水土保持措施；

⑦生产垃圾处理措施。

(11)组织落实审批环境影响报告书、水保方案以及后续设计文件中提出的有关环境保护对策措施。

(12)负责或组织制定有关环境保护规章制度、规划、计划等,并负责组织实施。

(13)环境保护例会制度。

(14)应委托有资质的单位进行施工期环境监测。

第九节　水土保持管理制度

水土保持要建立如下制度:

(1)水土保持责任制。

(2)建立水土保持组织体系。

(3)制定水土保持规划。

(4)落实水土保持监理制。

(5)"三同时"制度。

(6)监督检查制度。

(7)案件查处制度。

第十节　文明建设管理制度

应根据水利部《水利系统文明建设工地评审管理办法》制定相关规划和管理办法,具体如下。

一、成立创建文明建设工地的组织机构,制定创建文明建设工地的规划和办法并认真执行

(一)成立创建文明建设工地的组织机构

实施细则:由工程建设、监理、施工、设计、管理单位负责人组成文明工地建设领导小组。

(二)制定创建文明建设工地的规划和办法

实施细则:项目部根据本规划和办法,结合实际制定详细的规章制度。

(三)创建文明建设工地的规划和办法得到认真执行

实施细则:文明工地领导小组办公室具体负责监督、检查、评比、奖惩等事务。

二、有计划地组织职工开展爱国主义、集体主义、社会主义教育活动

实施细则:参建单位根据工程实际要经常性地开展活动,必要时每年参建单位共同组织一次联合活动。

三、积极开展职业道德、职业纪律教育、劳动岗位、劳动技能教育培训

(一)开展职业道德、职业纪律、劳动岗位、劳动技能教育培训

实施细则:各单位经常开展职业道德、职业纪律教育。项目法人、监理等单位要按照

上级安排做好人员培训，施工项目部要开展人员岗前培训，并做好有关登记、记录。

（二）坚持持证上岗

实施细则：施工项目部要按照国家有关要求，做到重要岗位工种必须持证上岗，监理单位现场机构做好检查工作。

奖惩办法：施工项目部制定奖惩办法，报监理单位现场机构备案。

四、群众文体生活丰富多彩，职工有良好的精神面貌，工地有良好的文明氛围，抓好宣传工作

（一）具有必要的群众文体生活设施

实施细则：项目法人和施工项目部应配置必要的活动器材。

（二）有计划、有组织地开展丰富多彩的文体活动

实施细则：参建单位要经常自主开展体育活动，根据工程建设情况，组织参建单位共同开展一次联合文体活动，并做好活动记录（拍照、录像等）。

（三）营造职工精神面貌、工地文明氛围

实施细则：各单位要制定有关工作、生活秩序等方面的规章制度，认真做好室内外卫生，划定区域进行管理。

（四）宣传工作

实施细则：有阅报栏、板报、标语牌等，并定期更换内容。

五、办公室、宿舍、食堂等公共场所整洁卫生、有条理

实施细则：办公室、宿舍、食堂等公共场所每日清扫1次并保持整洁卫生、有条理，每周检查1~2次。

六、施工现场做到工完场清，建筑垃圾集中堆放并及时清运

奖惩办法：施工现场建筑垃圾乱堆放、现场卫生状况差、场地清理不及时的，限期整改。

第十一节　风险管理方法

项目风险管理是指通过风险识别、风险界定和风险评价去认识项目的风险，并以此为基础，合理地使用各种风险应对措施、管理方法、技术和手段，对项目风险实行有效控制，妥善处理风险事故所造成的不利后果，以最少的成本保证项目总体目标实现的管理工作。

一、项目风险的特点

（一）客观性和普遍性

作为损失发生的不确定性，风险是不以人的意志为转移且超越人们的主观意识而客观存在的，而且在项目全寿命周期内，风险是无处不在、无时不有的。

(二)偶然性和必然性

个别风险事故的发生是偶然的、不确定的,但对大量风险事故进行分析和统计,就可以发现风险事件的发生是必然的。

(三)可变性

这是指在项目实施的整个过程中,风险既有量的增减,又有质的变化。随着项目的进行,有些风险得到控制并消除,有些风险会发生并得到处理,同时在项目的每一阶段都可能产生新的风险。如大型开发项目周期长、规模大、涉及范围广、风险因素数量多且种类繁杂,致使其全寿命周期内面临的风险多种多样。而且大量风险因素之间的内在关系错综复杂、各风险因素之间与外界交叉影响又使风险显示出多层次性。风险的发展也是有阶段性的,通常认为它有三个阶段:潜在风险阶段、风险发生阶段和损失爆发阶段。对风险的管理应该尽量集中在前两个阶段,可以避免损失的发生;当损失发生之后,只能设法减少损失或伤害的程度。

二、风险识别

风险识别可以从风险分类着手,采用专家调查法、背景分析法或者故障树分析法有效辨别出风险的来源、类型、影响及后果。

(1)按照风险造成的后果分为纯风险和投机风险;

(2)按照分布情况分为国别风险和行业风险;

(3)按照控制程度分为不可避免的风险、可转移的风险和有利可图的投机风险;

(4)按照是否可管理分为可管理风险和不可管理风险;

(5)按照影响范围分为局部风险和总体风险;

(6)按照导致风险的原因分为自然风险、社会政治风险、经济风险、技术风险和其他风险;

(7)可行性研究阶段存在的基础数据不完整、不可靠,分析模型不合理,预测结果不准的风险;

(8)工程设计中存在的设计内容不完整,设计存在缺陷、错误,采用不恰当的规范,未考虑地质条件,未考虑施工可能性,有关数据不足或不可靠的风险;

(9)自然环境中的洪水、地震、台风、雷电、泥石流、地陷等不可抗拒力的风险;

(10)组织管理缺乏项目管理能力,组织不妥当,目标不适当,缺乏管理协调风险;

(11)成本管理不适当的工程变更,不适当的工程支付,预算偏低的风险;

(12)合同条款表达有误,合同类型选择不当,索赔管理不力的风险。

三、风险评价

风险评价是对工程项目风险的量化过程,它是指采取科学方法将辨别出来并经过分类的风险按照其权重大小给予排序,综合考虑风险事件发生的概率和引起损失的后果,对于不同权重的风险,管理者应该给予不同程度的重视。

(一)综合评价法

综合评价法是邀请有经验的专家对可能出现的风险水平或风险事件进行评估,然后综合整体的风险水平，对风险进行排序。

（二）AHP 层次分析法

AHP 层次分析法是由美国匹兹堡大学教授 T. L. Saaty 创立的一种系统分析与综合评价方法，它是一种定量与定性相结合将决策者的主观判断与偏好用数量形式表达和处理的方法，能够比较准确地确定综合评价模型的权重。

（三）层次分析法

层次分析法采用标度来衡量指标的重要程度以及决策者的偏好程度，该标度方法的认知心理学基础是对事物直觉的层次剖析和比较，从人的思维分辨率和知觉的灵敏度看都是合理的。

（四）模糊评价法

模糊评价法利用模糊集理论评价工程项目风险，使用蒙特卡洛模拟或三角模拟等方法度量风险，并可以通过改变参数而多次模拟项目风险，得到模拟仿真计算的统计结果，依次作为风险度量的结果。

（五）等风险图法

等风险图法在风险发生概率和风险造成的损失程度构成的二维坐标图上通过画出等风险曲线来比较风险的大小。

（六）外推法

外推法可分为前推、后推和旁推三种类型。前推就是根据历史经验的数据判断出未来事件发生的概率和后果；后推是在没有历史资料的情况下，把未来风险事件归结到有数据可查的造成这一风险事件的初始事件上，从而对风险进行评估与分析；旁推是利用类似项目的数据对可能的风险进行评估与分析。

四、风险分析

所谓风险分析，其实质就是找出所有可能的选择方案，并分析任一对策所可能产生的各种结果。

风险分析可以使用进度网络模型、寿命周期费用模型或者快速反应速率模型来考察分析工程项目的风险。

（1）在制订项目开发计划、确定项目过程时，优先考察工程进度风险和工程项目费用风险，多用进度网络模型和寿命周期费用模型。

（2）在工程项目资金出现问题时，多用快速反应速率模型来确定该项目规划的各种备选方案所需的预算分配。

风险分析可以从整体出发弄清楚各个风险事件之间确切的因果关系，以便制订出系统的风险管理计划，同时可以考虑各个不同风险之间相互转化的条件，研究如何才能把威胁化为机会，进一步量化已经识别了的风险发生的概率和后果，减少这种估计的不确定性。

五、风险控制

风险控制是指利用某些技术来设法避开或控制风险，消灭或减少风险事件发生所造成的损失。管理者可以采用风险回避、风险转移、风险自留、风险分散、风险降低和风险利用等方法来进行控制。

(一)风险回避

回避风险是指当项目风险的潜在威胁发生的可能性太大,不利后果也太严重,又无其他策略可用时,主动放弃项目或改变项目目标与行动方案,通过风险回避可以在风险事件发生之前完全消除某一特定风险可能造成的损失,从而规避风险的一种策略。

一般只有以下情形之一时才会采取这种方法:

(1)有别的无风险或低风险的途径可实现同样的目标;

(2)本身确无能力将风险消除或转移;

(3)无能力承担该风险,或承担风险得不到足够的补偿,即相应的目标实现价值不高。

(二)风险转移

转移风险是将风险转移至参与该项目的其他人或其他组织,所以又称为合伙分担风险。其目的不是降低风险发生的概率和减轻不利后果,而是借用合同或协议,在风险事故一旦发生时将损失的一部分转移到有能力承受或控制项目风险的个人或组织。

实行这种策略要遵循两个原则:①必须让承担风险者得到相应的回报;②对于各具体风险,谁最有能力管理就让谁分担。

风险转移有以下几种方法:

(1)合同转移,即借助合同法,通过与有关方面签订连带风险在内的合同,将风险转移给对方;

(2)保险转移,对于那些属于可以通过保险公司保险的险种,可通过投保把风险全部或部分转移给保险公司;

(3)利用各种风险交易工具转嫁风险。

(三)风险自留

接受风险也是应对风险的策略之一,它是指有意识地选择承担风险后果。觉得自己可以承担损失时,就可采用这种策略。

(四)风险分散

风险分散是指投资项目时,横向项目有不同的层次结构,纵向项目有多样性,有利于分散风险。

(五)风险降低

风险降低就是通过缓和或预知等手段来减轻风险,降低风险发生的可能性或减缓风险所带来的不利后果,以达到使风险减少的目的。减轻风险是存在风险优势时使用的一种风险对策,其有效性在很大程度上要看风险是已知风险、可预测风险还是不可预测风险,项目失败概率减少和成功概率增加的关系。项目风险、项目风险管理在很大程度上是一个时间的函数,项目风险水平以及管理的成效与时间因素密切相关。

(六)储备风险

对于一些大型的工程项目,由于项目的复杂性,项目风险是客观存在的,因此为了保证项目预定目标的实现,有必要制定一些项目风险应急措施,即储备风险。所谓储备风险，是指根据项目风险规律事先制定应急措施和制订一个科学高效的项目风险计划，一旦项目实际进展情况与计划不同，就动用后备应急措施。

（七）风险利用

风险利用就是指利用投机风险可能提供的谋利机会以获得好处。在许多情况下，风险中蕴藏着利润，即风险与利润并存，并且影响工程项目风险的因素及其后果都是在不断地发展变化之中，因此有时冒一点小的风险可以换取高额利润或长期利润。

（1）风险利用作为一种较高层次的风险应对措施，其应用条件也要求较高，它不仅需要风险管理者有渊博的知识、娴熟的技巧和周密的分析能力，还需要有高度的责任心和灵活的应变能力。

（2）风险利用时应注意，决策既要慎重又要当机立断；正确评估自己的承受能力，量力而行；严密监控风险，因势利导；制订多种应对方案。

第十二节　财政评审制度

项目法人应根据《财政投资评审管理规定》（财建[2009]648 号）中相关要求，做好以下事宜：

（1）积极配合财政投资评审机构开展工作，及时向财政投资评审机构提供评审工作所需相关资料，并对所提供资料的真实性、合法性负责。

（2）对评审工作涉及需要核实或取证的问题，应积极配合，不得拒绝、隐匿或提供虚假资料。

（3）对财政投资评审机构出具的建设项目投资评审意见，项目法人应在收到之日起 5 个工作日内签署意见，并由项目法人和项目法人负责人盖章签字；逾期不签署意见，则视为同意评审意见。

（4）根据财政部门对评审报告的批复（批转）意见，及时进行整改。

第五章 水利工程基本建设程序管理

基本建设项目是指为获得一定的投资效益或为实现特定的建设目标,建设单位在某区域内,根据批准的总体设计和投资总概算,按照上级下达的投资计划、工期要求和质量标准而组织实施的建设工程。

对于同一个基本建设项目,经济上应实行独立核算,行政上具有独立的组织形式,并严格按基建程序组织开展前期研究、立项审批、勘察设计、招标投标、工程实施、交(竣)工验收以及交付运行(使用)等若干管理环节。

第一节 项目类别划分

《关于贯彻落实加强公益性水利工程建设管理若干意见的实施意见的通知》(2001 年 3 月 9 日水利部水建管[2001]74 号)规定,项目类别一般按以下原则划分:

(1)中央项目是指跨省(自治区、直辖市)的重大水利项目及大江大河的骨干治理工程项目,跨省(自治区、直辖市)、跨流域的引水和国际河流工程项目及水资源综合利用等对国民经济全局有重大影响的项目。

(2)地方项目是指局部受益的防洪除涝、灌溉排水、河道整治、蓄滞洪区建设、水土保持、水资源保护等项目。

根据《水利基本建设投资计划管理暂行规定》(水规计[2003]344 号)规定,项目类别一般按以下原则划分:

(1)按项目规模:大型、中型、小型。

(2)按其功能和作用:公益性、准公益性和经营性。

(3)按投资主体:企业投资项目(金融机构贷款)、政府投资项目(包括中央政府投资项目、地方政府投资项目,中央参与投资的地方项目、中央补助地方项目、一般地方项目)。中央参与投资的地方项目是指由中央审批立项,并在立项阶段确认中央投资额度的项目;中央补助地方项目是指由地方审批立项,中央根据有关政策给予适当投资补助的项目;一般地方项目是指由地方审批立项并全部由地方投资建设的项目。

(4)按项目类别:水库枢纽、水电站、河道治理工程、引调水工程、灌溉排涝工程、城市防洪工程等。

(5)按性质划分:新建、改扩建项目。

第二节 一般规定

(1)水利工程建设程序按《水利工程建设项目管理规定(试行)》(水利部水建[1995]128 号)明确的建设程序执行,水利工程建设程序一般分为:项目建议书、可行性研究报告、初步设计、施工准备(包括招标设计)、建设实施、生产准备、竣工验收、后评价等阶段。

(2)上述建设程序适用于由国家投资、中央和地方合资、企事业单位独资或合资以及其他投资方式兴建的防洪、除涝、灌溉、发电、供水、围垦等大中型(包括新建、续建、改建、加固、修复)工程建设项目。小型水利工程建设项目可以参照执行。利用外资项目的建设程序,同时还应执行有关外资项目管理的规定。

第三节 各阶段的主要工作

一、项目建议书阶段

(1)项目建议书应根据国民经济和社会发展长远规划、流域综合规划、区域综合规划、专业规划,按照国家产业政策和国家有关投资建设方针进行编制,是对拟进行建设项目的初步说明。

(2)项目建议书应按照《水利水电工程项目建议书编制暂行规定》(水利部水规计[1996]608号)编制。

(3)项目建议书编制一般由政府委托有相应资质的设计单位承担,并按国家现行规定权限向主管部门申报审批。项目建议书被批准后,由政府向社会公布,若有投资建设意向,应及时组建项目法人筹备机构,开展下一项建设程序工作。

(4)枢纽工程。总库容大于10亿 m^3(含10亿 m^3)的水利枢纽工程项目建议书由水利部水利水电规划设计总院(简称水规总院)负责审查;总库容小于10亿 m^3、大于1亿 m^3(含1亿 m^3)或坝高大于70 m(含70 m)的枢纽工程项目建议书由水规总院负责并会同流域机构组织审查;小于1亿 m^3 涉及省际水事利益矛盾的中型水利枢纽工程项目建议书,由流域机构负责或流域机构会同有关省(自治区、直辖市)水行政主管部门组织审查;在省内1亿 m^3 的中型水利枢纽工程项目建议书由省水行政主管部门会同流域机构组织审查。

(5)堤防工程。一级堤防工程项目建议书由水规总院负责审查,二级堤防工程项目建议书由水规总院会同流域机构组织审查,三级堤防工程项目建议书由流域机构会同所在省水行政主管部门组织审查。七大江河干堤和涉及省际利益矛盾的江河湖泊整治工程项目建议书由水规总院会同流域机构组织审查。

(6)病险水库加固及改拆建工程。水利部确定的重点病险水库加固及改拆建工程项目建议书,当总库容大于10亿 m^3(含10亿 m^3)时,由水规总院负责组织审查;当总库容小于10亿 m^3 时,由省水行政主管部门负责组织审查。

二、可行性研究报告阶段

(1)可行性研究应对项目进行方案比较,在技术上是否可行和经济上是否合理进行科学的分析与论证。经过批准的可行性研究报告,是项目决策和进行初步设计的依据。可行性研究报告,由项目法人(或筹备机构)组织编制。

(2)可行性研究报告应按照《水利水电工程可行性研究报告编制规程》(电力部、水利部电办[1993]112号)编制。

(3)可行性研究报告按国家现行规定的审批权限报批。申报项目可行性研究报告，必须同时提出项目法人组建方案及运行机制、资金筹措方案、资金结构及回收资金的办法，并依照有关规定附具有管辖权的水行政主管部门或流域机构签署的规划同意书、对取水许可预申请的书面审查意见。审批部门要委托有项目相应资格的工程咨询机构对可行性报告进行评估，并综合行业归口主管部门、投资机构(公司)、项目法人(或项目法人筹备机构)等方面的意见进行审批。

(4)可行性研究报告经批准后，不得随意修改和变更。在主要内容上有重要变动，应经原批准机关复审同意。项目可行性批准后，应正式成立项目法人，并按项目法人责任制进行项目管理。

(5)枢纽工程。总库容大于10亿m^3(含10亿m^3)的水利枢纽工程可行性研究报告由水规总院负责审查；总库容小于10亿m^3、大于1亿m^3(含1亿m^3)或坝高大于70 m(含70 m)的枢纽工程可行性研究报告由水规总院负责并会同流域机构组织审查；小于1亿m^3涉及省际水事利益矛盾的中型水利枢纽工程可行性研究报告由流域机构负责或流域机构会同有关省(自治区、直辖市)水行政主管部门组织审查；在省内1亿m^3的中型水利枢纽工程可行性研究报告由省水行政主管部门会同流域机构组织审查。

(6)堤防工程。一级堤防工程可行性研究报告由水规总院负责审查；二级堤防工程可行性研究报告由水规总院会同流域机构组织审查；三级堤防工程可行性研究报告由流域机构会同所在省水行政主管部门组织审查。七大江河干堤和涉及省际利益矛盾的江河湖泊整治工程可行性研究报告由水规总院会同流域机构组织审查。

(7)病险水库加固及改拆建工程。水利部确定的重点病险水库加固及改拆建工程可行性研究报告，当总库容大于10亿m^3(含10亿m^3)时，由水规总院负责组织审查；当总库容小于10亿m^3时，由省水行政主管部门负责组织审查。

(8)大型排涝泵站更新改造项目，由省发展改革委会同水利厅进行审批。对涉及提高泵站装机规模和防洪排涝标准的项目，其可行性研究报告需报经流域机构就上述两项内容提出审查意见后进行批复。

安徽省项目的可行性研究报告由项目所在市发展改革委与水行政主管部门共同上报省发展改革委、省水利厅，审批工作由省发展改革委会同省水利厅进行。

三、初步设计

(1)初步设计是根据批准的可行性研究报告和必要而准确的设计资料，对设计对象进行通盘研究，阐明拟建工程在技术上的可行性和经济上的合理性，规定项目的各项基本技术参数，编制项目的总概算。初步设计任务应择优选择有项目相应资格的设计单位承担，依照有关初步设计编制规定进行编制。

(2)初步设计报告应按照《水利水电工程初步设计报告编制规程》(电力部、水利部电办[1993]113号)编制。

(3)初步设计文件报批前，一般须由项目法人委托有相应资格的工程咨询机构或组织行业各方面(包括管理、设计、施工、咨询等方面)的专家，对初步设计中的重大问题进行咨询论证。设计单位根据咨询论证意见,对初步设计文件进行补充、修改、优化。初步设计由项目法人组织审查后,按国家现行规定权限向主管部门申报审批。

(4)设计单位必须严格保证设计质量,承担初步设计的合同责任。初步设计文件经批准后,主要内容不得随意修改、变更,并作为项目建设实施的技术文件基础。如有重要修改、变更,须经原审批机关复审同意。

(5)枢纽工程。总库容大于10亿 m^3(含10亿 m^3)的水利枢纽初步设计报告由水规总院负责审查;总库容小于10亿 m^3、大于1亿 m^3(含1亿 m^3)或坝高大于70 m(含70 m)的枢纽工程初步设计报告由水规总院负责并会同流域机构组织审查;小于1亿 m^3 涉及省际水事利益矛盾的中型水利枢纽工程初步设计报告由流域机构负责或流域机构会同有关省(自治区、直辖市)水行政主管部门组织审查;在省内1亿 m^3 的中型水利枢纽工程初步设计报告由省水行政主管部门会同流域机构组织审查。

(6)堤防工程。一级堤防工程初步设计报告由水规总院会同流域机构组织审查;二级堤防工程初步设计报告可根据项目属性由流域机构会同水规总院或项目所在省(自治区、直辖市)水行政主管部门组织审查;三级堤防工程初步设计由省会同流域机构组织审查。七大江河干堤和涉及省际利益矛盾的江河湖泊整治工程初步设计报告由流域机构会同水规总院组织审查。

(7)病险水库加固及改拆建工程。水利部确定的重点病险水库加固及改拆建工程初步设计报告,当总库容大于10亿 m^3(含10亿 m^3)时,由水规总院负责组织审查;当总库容小于10亿 m^3 时,由省水行政主管部门负责组织审查。

其他由流域委托承担设计的大型水利枢纽和堤防工程的前期各阶段设计报告均由水规总院组织审查;由国家参与投资的地方水利枢纽和堤防工程的前期各阶段审查,水利部具体委托水规总院或流域机构办理。

(8)大型排涝泵站更新改造项目。泵站管理单位在批准的总体规划基础上,委托具有相应资质的规划设计单位编制建设项目初步设计报告(报告中须包括管理体制和运行机制改革等内容),报省发展改革委和水利厅,初步设计报告需由省发展改革委和水利厅联合报送国家发展改革委核定概算后,由省发展改革委与水利厅联合进行批复。

安徽省项目的初步设计报告经省发展改革委、省水利厅初审,国家发展改革委核定概算后,由省发展改革委会同省水利厅审批。

四、安徽省中小河流治理项目初步设计编制及审查工作要点

2011年的部分中小河流治理项目由所在市负责审查,省水利厅审批。为指导中小河流治理项目初设编报及审查工作,统一审查标准,现就初步设计编报及审查有关工作提出意见如下。

(一)治理范围及主要建设内容

中小河流治理河段范围及工程建设位置、规模、标准和建设内容应符合总体规划要求,一般不能调整,确需调整应进行充分论证。

中小河流治理应以防洪保安为重点,根据治理河段存在的突出问题,统筹兼顾近远期、上下游、左右岸的关系,提高重要圩口、重点河段、重要防护对象、严重阻水河段的防洪

排涝能力，兼顾当年重点险段应急处理、水资源利用、水生态与环境保护，工程措施与非工程措施相结合，治理与管理并重，合理确定建设内容，建一段成一段，发挥综合治理效益。

中小河流治理建设内容及方案应征求地方政府的意见，工程建设内容以堤防加固与建设、河道清淤疏浚、岸坡防护工程为主，除迎流顶冲堤段外，一般不采用硬护坡，治理河段内严重阻水的跨河建筑物及影响堤防安全的穿堤建筑物，应同步加固处理，以发挥整体治理效益。

（二）工程设计

初步设计应按照现行有关规范及规定编制，符合《水利水电工程初步设计报告编制规程》（DL 5021—93）规定的内容及深度要求。

1. 水文

对有已批复的项目区规划或可行性研究阶段水文分析计算成果的，复核后可直接采用。根据《水利水电工程设计洪水计算规范》（SL 44—2006），有实测资料的，按实测资料计算设计洪水；缺乏资料地区可根据暴雨资料采用间接法推求设计洪水。

2. 工程地质

按照《水利水电工程地质勘察规范》（GB 50287—99）及《中小型水利水电工程地质勘察规范》（SL 55—2005）等规范要求，查明河道、堤防、建筑物及土料场地特性，根据物理力学试验，提出各土层物理力学指标建议值。

3. 河道疏浚及岸坡防护

河道疏浚扩挖原则上维持老河道趋势及断面型式，确保满足泄流要求，边坡以土质边坡为主，在河道断面放坡受限或抗滑抗冲的前提下，适当结合环境、亲水、生态等要求，在提高河流防洪排涝能力的同时，有效改善河流生态环境。

4. 堤防工程

堤防工程原则上以现有堤防除险加固为主，原堤距不满足河道行洪要求的，经分析论证后应适当退建。现有堤防不得向河滩地进建，严禁侵占河道，尽量减少永久占地。

5. 建筑物工程

穿堤、跨河建筑物根据存在险情和质量检测成果分析后，采取加固、接长或拆除重建等措施。建筑物已基本失去功能的可拆除或封堵；建造时间长，结构强度不足，存在严重隐患难以加固的建筑物重建；主体结构基本满足设计要求、部分老化失修、损坏的建筑物可采取适当的加固处理措施；桥涵满足设计要求，长度不够的可采取接长措施。建筑物应根据实际需要统一规划加固处理，确保有效提高治理河段的防洪排涝标准。

（三）工程管理

治理河段应落实管理单位，已有管理机构的，原则上应由原河道管理机构管理；新设管理机构的，应按照精简、高效的原则，同地方政府落实人员编制及运行管理经费来源，明确管理范围、任务和职责。

初步设计审查应从严控制管理设施、设备配置标准和规模，工程车辆、管理船等交通设施不予计列。适当考虑护堤地、界沟（路）等管护工程，除城区段堤顶可设混凝土道路外，一般不铺设永久防汛道路。护堤地按有关规定合理确定。

(四)概算建议标准

(1)按水利部水总[2002]116 号文《水利建筑工程预算定额》编制设计概算,费用标准采用“引水工程及河道工程”。概算中材料按限价(块石、碎石、砂 70 元/m^3,水泥 300 元/t,柴油 3 500 元/t、汽油 3 600 元/t)进行单价分析,块碎石、砂价差计入单价内,其他价差计入第五部分独立费用中其他费用内。

(2)管理房一般不予新建,可以对现有损坏的管理房屋加固维修或拆除重建(不包括职工宿舍),维修加固单价 400 元/m^2;对于新设管理机构的,新建管理房面积按有关管理规定确定且不大于 300 m^2,单价 1 000 ~ 1 200 元/m^2,室外工程按 10% 计列。

(3)临时工程中临时进场交通道路按 7 万元/km(宽 5 m)、场内道路按 5 万元/km(宽 3.5 m),施工仓库按 150 元/m^2 计列,办公文化福利建筑按 1.5%、其他临时工程按 0.5% 计列。

(4)永久防汛道路(宽 5 m)单价指标一般为:混凝土道路 60 ~ 80 万元/km,泥结石道路 25 万元/km,混凝土或沥青道路维修 15 ~ 20 万元/km。

(5)独立费用中建管费按一至四部分建安工作量的 3.6%、竣工检测费按一至四部分建安工作量的 0.3% 计列;一般不计列科研费,需要进行地基处理或其他试验的项目按一至四部分建安投资的 0.2% 或实际需要适当计列;勘测设计费、监理费根据国家现行有关规定标准计算(一般勘测设计费不超过一至四部分投资(含价差)的 7%,监理费不超过一至四部分投资(含价差)的 3%);不计质量监督费、工程保险费和定额编制管理费。

(6)城市建设和景观工程投资不列入概算。

(7)基本预备费按一至五部分投资的 5% 计算。

(五)征地拆迁费用标准

计入工程概算的征地拆迁投资,西部政策县不超过总投资的 5%,中部政策县可以放宽至不超过总投资的 10% ~ 15%。征地拆迁投资超过上述范围的工程,应根据有关标准审核实际需要的征迁投资及根据限额计入工程概算的征迁投资。工程征迁投资超出计入概算部分由地方政府承诺另行自行解决。

征地拆迁补偿标准按《大中型水利水电工程建设征地补偿和移民安置条例》(国务院第 471 号令)及省发展改革委、水利厅《关于印发安徽省水利水电工程建设地面附着物补偿标准的通知》(发改农经[2007]301 号)等有关规定审核,也可按当地政策提高标准,有关税费不予计列。

(六)有关附件

初步设计审查前应提供以下附件及有关批文:

(1)初步设计报告、概算、附图及地质勘测报告。

(2)相关流域规划、区域规划、防洪规划、河道规划或可研已批复的,应附批复文件。

(3)治理项目涉及征地、环保的,应在初步设计审查前,严格按照有关法律法规要求履行相应程序,工程建设用地需由国土资源管理部门出具土地预审意见,环保需由环境保护行政主管部门出具环境影响评价审核意见。

(4)工程实际需要投资超出规划投资的,超出部分资金需要地方政府承诺另行自筹解决,不列入批复概算。

(5)征地拆迁投资超出计入概算部分需由地方政府在工程配套资金以外另行筹措，并出具资金承诺函。

五、施工图设计

(一)施工图审查

水利工程施工图审查没有专门机构，一般由项目法人委托监理单位主持，总监理工程师组织设计、施工、建设等单位人员进行图纸审查和设计答疑。

(二)设计变更类型

设计变更按发生时间划分为以下四种类型：① 施工图变更，在招标结束到出施工图阶段，主要是业主和设计单位在施工图设计阶段作出的变更；②设计单位变更，施工图实施阶段，主要原因是设计不合理或有错误，由设计单位提出；③业主单位变更，业主根据工程功能或投资需要提出；④施工单位变更，施工单位在实施阶段根据工程建设实际需要提出。

设计变更按规模与重要程度组成分为以下两种类型：一是重大设计变更，二是一般设计变更。

(三)设计变更履行手续

水利工程设计变更审批采用分级管理制度。重大设计变更文件由项目法人按原报审程序报原初步设计审批部门审批，较大设计变更文件由项目主管部门或委托项目法人审批，一般设计变更文件由项目法人负责审批。

设计变更文件批准后由项目法人负责组织实施，未经审查批准的设计变更不得实施。设计变更增加的工程项目的实施，按照招标投标法及相关法律法规的有关规定执行。

六、施工准备

(1)项目在主体工程开工之前，必须完成各项施工准备工作，其主要内容包括：

①基本施工现场的征地、拆迁；

②完成施工用水、电、通信、路和场地平整等工程；

③必需的生产、生活临时建筑工程；

④组织招标设计、咨询、设备和货物采购等服务；

⑤组织建设监理和主体工程招标投标，并择优选定建设监理单位和施工承包队伍。

(2)施工准备工作开始前，项目法人或代建机构，须依照《水利工程建设项目管理规定(试行)》(水利部水建[1995]128 号)中“管理体制和职责”明确的分级管理权限，向水行政主管部门办理报建手续，项目报建须交验工程建设项目的有关批准文件。工程项目进行项目报建登记后，方可组织施工准备工作。

(3)工程建设项目施工，除某些不适应招标的特殊工程项目外(须经水行政主管部门批准)，均须实行招标投标。水利工程建设项目的招标投标，按《水利工程建设项目施工招标投标管理规定》(水利部水建[1995]130 号)执行。

(4)水利工程项目必须满足如下条件,施工准备方可进行:

①初步设计已经批准;

②项目法人已经建立;

③项目已列入国家或地方水利建设投资计划,筹资方案已经确定;

④有关土地使用权已经批准;

⑤已办理报建手续。

七、建设实施

(1)建设实施阶段是指主体工程的建设实施,项目法人按照批准的建设文件,组织工程建设,保证项目建设目标的实现。

(2)项目法人或其代建机构必须按审批权限,向主管部门提出主体工程开工申请报告,经批准后,主体工程方能正式开工。主体工程开工须具备《水利工程建设项目管理规定(试行)》(水利部水建[1995]128号)明确的条件,具体内容如下:

①前期工程各阶段文件已按规定批准,施工详图设计可以满足初期主体工程施工需要;

②建设项目已列入国家或地方水利建设投资年度计划,年度建设资金已落实;

③主体工程招标已经决标,工程承包合同已经签订,并得到主管部门同意;

④现场施工准备和征地移民等建设外部条件能够满足主体工程开工需要。

(3)随着社会主义市场经济机制的建立,实行项目法人责任制,主体工程开工前还须具备以下条件:

①建设管理模式已经确定,投资主体与项目主体的管理关系已经理顺;

②项目建设所需全部投资来源已经明确,且投资结构合理;

③项目产品的销售,已有用户承诺,并确定了定价原则。

(4)项目法人要充分发挥建设管理的主导作用,为施工创造良好的建设条件。项目法人要充分授权工程监理,使之能独立负责项目的建设工期、质量、投资的控制和现场施工的组织协调。监理单位选择必须符合《水利工程建设监理规定》(水利部水建[1996]396号)的要求。

(5)按照"政府监督、项目法人负责、社会监理、企业保证"的要求,建立健全质量管理体系,重要建设项目,必须设立质量安全监督项目站,行使政府对项目建设的监督职能。

八、生产准备

(1)生产准备是项目投产前所要进行的一项重要工作,是建设阶段转入生产经营的必要条件。项目法人应按照建管结合和项目法人责任制的要求,适时做好有关生产准备工作。

(2)生产准备应根据不同类型的工程要求确定,一般应包括如下主要内容:

①生产组织准备。建立生产经营的管理机构及相应管理制度。

②招收和培训人员。按照生产运营的要求,配备生产管理人员,并通过多种形式的培训,提高人员素质,使之能满足运营要求。生产管理人员要尽早介入工程的施工建设,参加设备的安装调试,熟悉情况,掌握好生产技术和工艺流程,为顺利衔接基本建设和生产经营阶段做好准备。

③生产技术准备。主要包括技术资料的汇总、运行技术方案的制订、岗位操作规程制定和新技术准备。

④生产的物资准备。主要是落实投产运营所需要的原材料、协作产品、工器具、备器备件和其他协作配合条件的准备。

⑤正当的生活福利设施准备。

(3)及时具体落实产品销售合同协议的签订,提高生产经营效益,为偿还债务和资产的保值增值创造条件。

九、竣工验收

(1)竣工验收是工程完成建设目标的标志,是全面考核基本建设成果、检验设计和工程质量的重要步骤。竣工验收合格的项目即从基本建设转入生产或使用。

(2)当建设项目的建设内容全部完成,并经过单位工程验收,符合设计要求并按《水利工程建设项目档案管理规定》(水利部水办[2005]480号)的要求完成了档案资料的整理工作,完成竣工报告、竣工决算等必需文件的编制后,项目法人按《水利工程建设项目管理规定(试行)》(水利部水建[1995]128号),向验收主管部门提出申请,根据国家和部颁验收规程组织验收。

(3)竣工决算编制完成后,须由审计机关组织竣工审计,其审计报告作为竣工验收的基本资料。

(4)工程规模较大、技术较复杂的建设项目可先进行初步验收,不合格的工程不予验收;有遗留问题的项目,对遗留问题必须有具体的处理意见,且有限期处理的明确要求并落实责任人。

十、后评价

(1)建设项目竣工投产后,一般经过1~2年生产运营,要进行一次系统的项目后评价,主要内容包括:影响评价——项目投产后对各方面的影响进行评价;经济效益评价——对项目投资、国民经济效益、财务效益、技术进步和规模效益、可行性研究深度等进行评价;过程评价——对项目的立项、设计施工、建设管理、竣工投产、生产运营等全过程进行评价。

(2)项目后评价一般按三个层次组织实施,即项目法人的自我评价、项目行业的评价、计划部门(或主要投资方)的评价。

(3)建设项目后评价工作必须遵循客观、公正、科学的原则,做到分析合理、评价公正。通过建设项目的后评价,以达到肯定成绩、总结经验、研究问题、吸取教训、提出建议、改进工作,不断提高项目决策水平和投资效益的目的。

第四节 水行政主管部门的基本建设管理

一、行业管理

为整个基本建设服务,对基本建设的正常、健康进行起保证作用。其主要工作内容有:制定法规制度并贯彻实施、质量和安全生产监管、建设市场管理等。行业管理是政府的职能。

二、项目管理

项目管理的主要工作内容有:前期工作管理、开工管理(审批开工报告)、过程管理(进度、质量、安全、资金、工程度汛等)、竣工管理。作为主管部门,要总体控制、统一安排实施,检查指导和帮扶。

第六章　水利基本建设项目报批程序

水利基本建设项目前期工作阶段报批程序一般包括项目建议书、可行性研究报告、初步设计报告的上报、审核和审批。

第一节　政府投资项目

按中央和地方权限实行审批制度，立项过程主要包括项目建议书和可行性研究报告两个阶段。按照国家规定的程序要求，由国家立项审批的重点项目，项目建议书、可行性研究报告由水利部审查，国家发展改革委审批，初步设计由水利部或省发展改革委审批，国家发展改革委概算评审中心复核。重大项目立项审批时，须同步完成移民安置规划、环境影响评价、水土保持、用地预审等前期工作。

地方政府项目需要中央预算内投资补助的执行《中央预算内投资补助和贴息项目管理暂行办法》。中央安排地方政府投资项目在2亿元以下的，且不超过项目投资50%的，只审批资金申请报告；超过2亿元的，由国家审批可行性研究报告；不超过3 000万元的，一律按投资补助或贴息方式管理，只审批资金申请报告。

水利基本建设项目的项目建议书、可行性研究报告和初步设计报告由水行政主管部门或项目法人组织编制。中央项目的项目建议书、可行性研究报告和初步设计报告由水利部（流域机构）或项目法人组织编制；地方项目的项目建议书、可行性研究报告和初步设计报告由地方水行政主管部门或项目法人组织编制，其中省际水事矛盾处理工程的前期工作由流域机构负责组织。

初步设计编制的概算静态总投资原则上不得突破已批准的可行性研究报告估算的静态总投资。由于工程项目基本条件发生变化，引起工程规模、工程标准、设计方案、工程量的改变，其静态总投资超过可行性研究报告相应估算静态投资在15%以内时，要对工程变化内容和增加投资提出专题分析报告；超过可行性研究报告估算静态投资15%以上（含15%）时，必须重编可行性研究报告，重新按原程序报批。

项目在建设过程中需要调整初步设计概算的，需按可行性研究报告的审批程序报批。

第二节　企业投资项目

根据《国务院关于投资体制改革的决定》（国发[2004]20号）和相关办法，企业投资项目立项实行政府核准和备案制度。实施核准的项目，编制项目申请报告，按照项目性质分别由国家或地方政府发展改革部门进行核准。

第三节　安徽省近期重点项目前期工作报批程序

(1)新一轮治淮和长江干流河道整治工程:直接编制可行性研究报告和初步设计,由国家立项审批。

(2)流域面积3 000 km^2 以上的大江大河主要支流:以每条河流为单项编制可行性研究报告,由国家立项审批。

(3)流域面积200~3 000 km^2 的中小河流治理:按照规划编制初步设计,由省水利厅会同省财政厅审批。

(4)蓄滞洪区建设项目:以每个蓄洪区为单项,编制可行性研究报告、初步设计,报国家立项审批。

(5)城市防洪项目:依据省、市人民政府批准的防洪规划,编制可行性研究报告、初步设计,分别由省、市有关部门负责审批。

(6)新建大中型水库:按照国家批准的建设规划,编制项目建议书、可行性研究报告、初步设计,大型水库由国家负责立项审批,中型水库由省发展改革委审批。

(7)大型引调水工程:编制工程建设规划,依据规划编制项目建议书、可行性研究报告,由国家立项审批,其他引调水工程,由省发展改革委审批。

(8)病险水库加固:依据批准的加固规划,开展安全鉴定,编制初步设计,中型水库初步设计由流域机构复核、省发展改革委审批,重点小(2)型水库初步设计由市水利(水务)局、市财政局审批,省计划一般小(2)型水库初步设计由县(市、区)水利(水务)局、财政局审批。

(9)大中型病险水闸加固:按规划开展安全鉴定和初设编报,其中大型三类病险水闸初步设计由流域机构复核、省发展改革委审批,中型三类病险水闸初步设计由省水利厅审查、省发展改革委审批;四类病险水闸的前期工作程序待水利部商国家发展改革委确定。

(10)山洪灾害防治:依据规划,组织编制非工程措施实施方案,由省水利厅会同省财政厅等单位审批山洪治理工程,编制实施方案,由省水利厅审批。

(11)新建灌区:其中大型灌区项目需编制工程建设规划,由水利部审批,依据规划编报项目建议书、可行性研究报告、初步设计,由国家负责审批;新建中小型灌区由省发展改革委负责审批。

(12)大型灌区续建配套与节水改造项目:一个灌区编制一个可行性研究报告,报水利部审查,年度可行性研究由省发展改革委审批,单项初步设计由省发展改革委或省水利厅审批。

(13)大型灌排泵站更新改造:按照安全鉴定、可行性研究报告和初步设计开展前期工作,可行性研究报告、初步设计由省发展改革委审批,安全鉴定由水利部灌溉中心复核。

(14)水土保持项目:按照规划和实施方案开展前期工作,实施方案达到初步设计深度,由省、市、县有关部门审批。

(15)农村饮水安全工程：依据规划，编制年度实施方案，由市、县发展改革部门审批，其中规模达到或超过千吨(万人)的水厂，编制单项初步设计，由省发展改革委或水利厅审批。

第四节　治淮大项目立项审批程序

一、治淮大项目范围及立项审批程序

治淮大项目主要指洼地、行蓄洪调整与建设、一般堤防加固，其立项审批程序如图6-1所示。

二、分项项目立项审批程序

分项项目立项审批程序如图6-2所示。

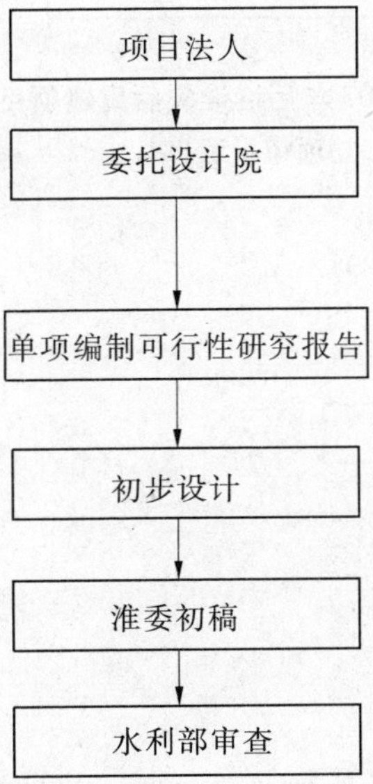

图6-1　治淮大项目立项审批程序

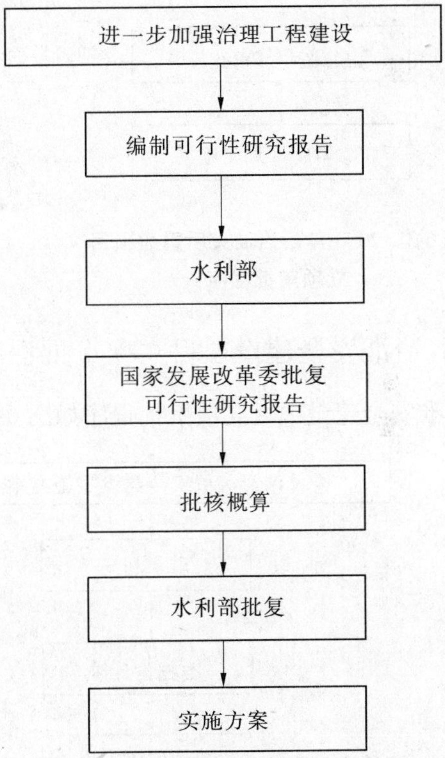

图6-2　分项项目立项审批程序

三、2003年后和2007年后治淮灾后重建项目立项审批程序

2003年后治淮灾后重建项目立项审批程序如图6-3所示。

2007年后治淮灾后重建项目立项审批程序如图6-4所示。

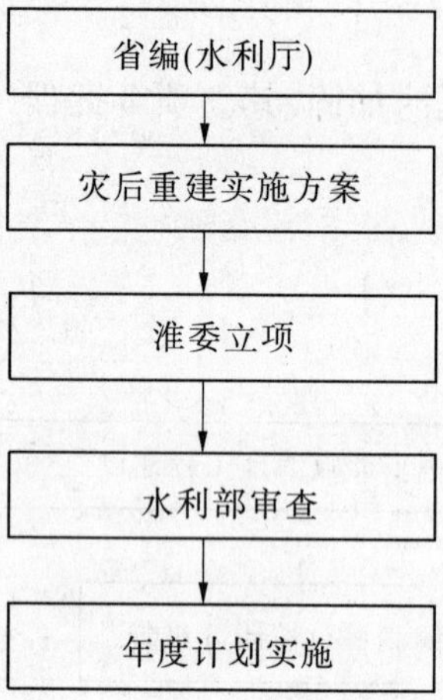

图 6-3　2003 年后治淮灾后重建项目立项审批程序

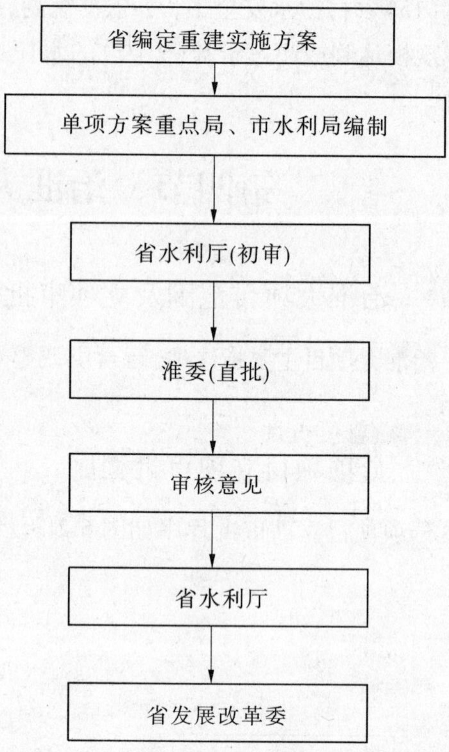

图 6-4　2007 年后治淮灾后重建项目立项审批程序

四、治淮安全建设项目立项审批程序

治淮安全建设项目立项审批程序如图 6-5 所示。

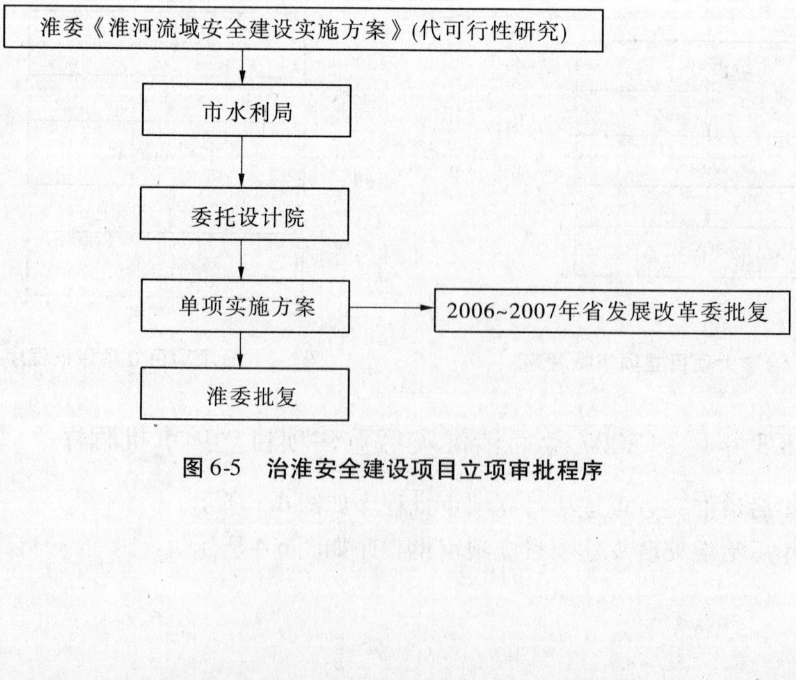

图 6-5　治淮安全建设项目立项审批程序

第七章　水利工程基本建设项目前期工作

第一节　大中型病险水库除险加固工程

根据国家发展改革委办公厅、水利部办公厅《病险水库除险加固工程项目建设管理办法》(发改办农经[2005]806号),大中型病险水库加固前期主要程序包括安全鉴定、安全鉴定核查、可行性研究及初步设计审批等。

第二节　小型病险水库加固前期工作

一、小(1)型水库

根据省水利厅、省财政厅《转发财政部、水利部〈重点小型病险水库除险加固项目和资金管理办法〉的通知》(财建[2010]1521号),小(1)型病险水库加固前期工作由省级委托市级负责,有关工作按以下程序进行。

(一)安全鉴定

县级以上水行政主管部门按照水利部《水库大坝安全鉴定办法》,组织有关单位对小型水库进行安全鉴定。大坝安全鉴定承担单位必须具备合格资质。

(二)安全鉴定核查

省级水行政主管部门负责对安全鉴定成果进行核查。

(三)初步设计

初步设计必须由具备相应资质的设计单位承担。初步设计要根据大坝安全鉴定成果核查意见明确的建设内容,充分论证加固方案的合理性。超出安全鉴定核查意见的建设任务,原则上不得列入初步设计的建设内容。

重点小型病险水库除险加固项目,在保证工程脱险前提下,原则上按每座450万元进行限额设计,总投资控制在基数投资总额范围内。项目初步设计原则上由各市级水利局会同财政局审批,并报省水利厅、财政厅备案。

二、小(2)型水库

根据省财政厅、省水利厅《关于印发〈安徽省小(2)型病险水库除险加固项目和资金管理办法〉的通知》(财建[2011]771号),重点小(2)型、一般小(2)型病险水库加固前期工作由市级水行政主管部门会同财政部门负责组织开展,有关工作按以下程序进行。

(一)安全鉴定

县级以上水行政主管部门参照水利部《水库大坝安全鉴定办法》组织有关单位对本

行政区域内小(2)型水库进行安全鉴定(省级一般小(2)型水库可做安全评估)。大坝安全鉴定必须由具有水利水电勘察设计丙级以上(含丙级)资质的单位承担,也可由省级和省级以上水行政主管部门公布的有关专业机构和大专院校承担。

(二)安全鉴定核查

市级水行政主管部门应认真组织开展小(2)型项目的安全鉴定核查工作,并出具认定小(2)型水库为病险水库的安全鉴定核查报告。经安全鉴定核查,对不符合三类坝条件或符合条件但拟报废的小(2)型项目,各市级水行政主管部门会同财政部门予以调减。

(三)初步设计资质要求

重点小(2)型病险水库除险加固工程初步设计应由具有水利行业水库枢纽丙级及以上设计资质的单位承担。初步设计报告要按照有关规程规范及《小(2)型病险水库除险加固工程初步设计指导意见》编制。重点小(2)型病险水库除险加固工程初步设计尽可能以县为单位,打捆确定设计单位、打捆报批初步设计,市县水利部门及设计单位应集中技术力量,采取安全鉴定审定及核查一并进行、集中会审等方式缩短前期工作周期,合理确定各水库除险加固方案,在市、县范围内统筹调剂资金,合理控制项目概算投资规模。

(四)项目审批

重点小(2)型项目初步设计由市级水行政主管部门会同财政部门审查审批,一般小(2)型水库初步设计由市级或委托县级水行政主管部门审批。

(五)目标要求

安徽省小(2)型水库共 4 609 座,2007 ~ 2010 年省级已安排加固完成 1 422 座,列入国家规划重点小(2)项目 762 座,列入省计划同步实施一般小(2)型项目 1 000 座。

截至目前,国家规划重点小(2)型水库共安排实施 336 座,其中,2011 年汛前安排实施 294 座,已全部完成初步设计审查审批,已开工 279 座;2011 年汛后追加安排实施 42 座,已有一半完成初步设计审批并招标;2011 年中央财政提前安排实施 289 座重点小(2)型水库,大多数项目开工建设,2012 年汛前完成主体工程;剩余待安排项目确保 2012 年汛前完成前期工作,汛后及时开工。

各类型水库规划、评估及审批程序如图 7-1 ~ 图 7-8 所示。

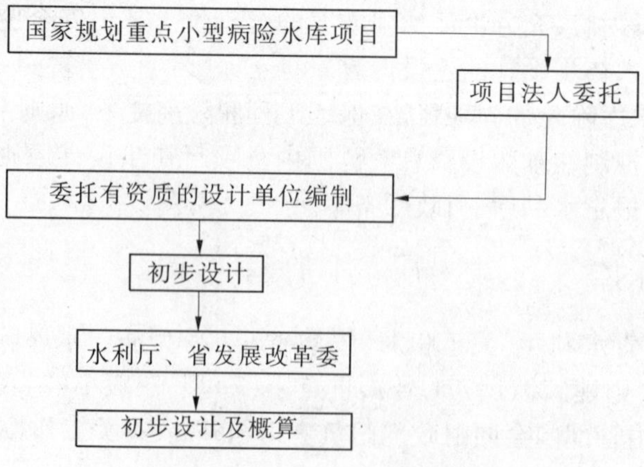

图 7-1　国家规划重点小型病险水库规划程序

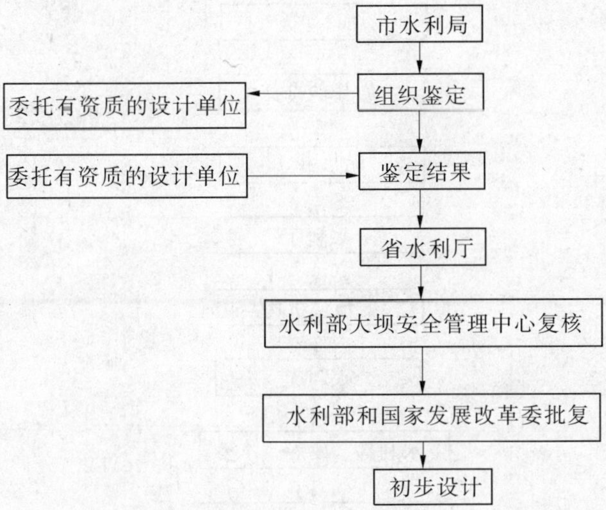

图 7-2　大型病险水库除险加固项目规划程序

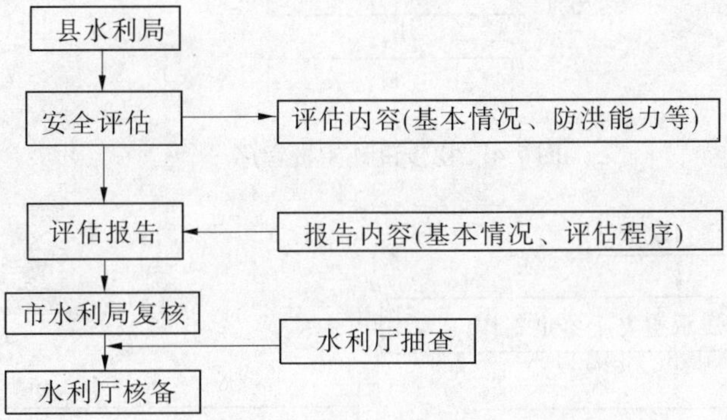

图 7-3　小型水库安全评估程序

三、安徽省小型水库除险加固工程初步设计报告编制目录(参考)

1　综合说明

2　水文

2.1　流域概况

2.2　历次设计洪水复核计算方法与成果

2.3　本次设计洪水复核计算

2.4　成果合理分析

2.5　施工期洪水

3　工程地质

3.1　概述

3.2　水库区工程地质条件

3.3　大坝工程地质条件

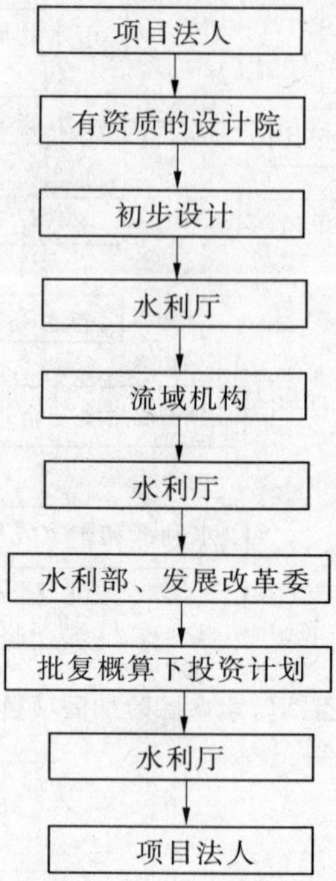

图 7-4　初步设计审批程序

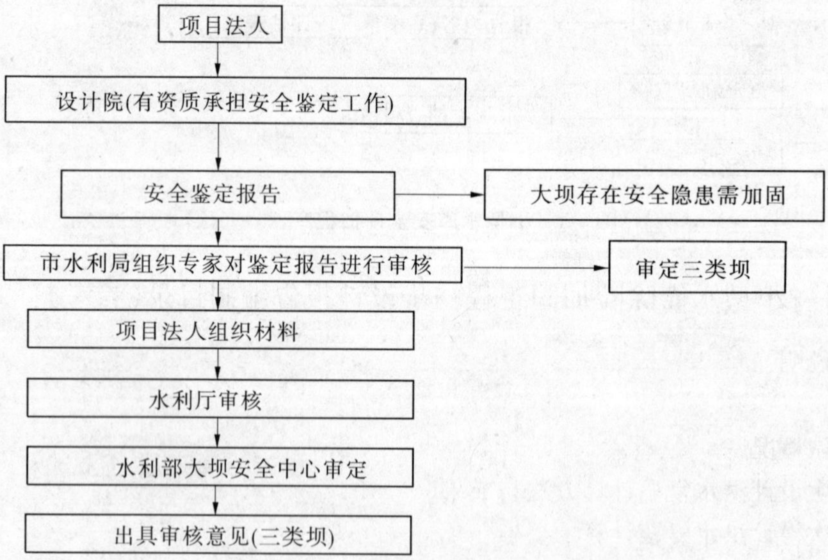

图 7-5　中型水库加固鉴定批复程序

3.3.1　坝身工程地质条件

3.3.2　坝基工程地质条件

3.4　泄水建筑物工程地质条件

3.5　天然建筑材料

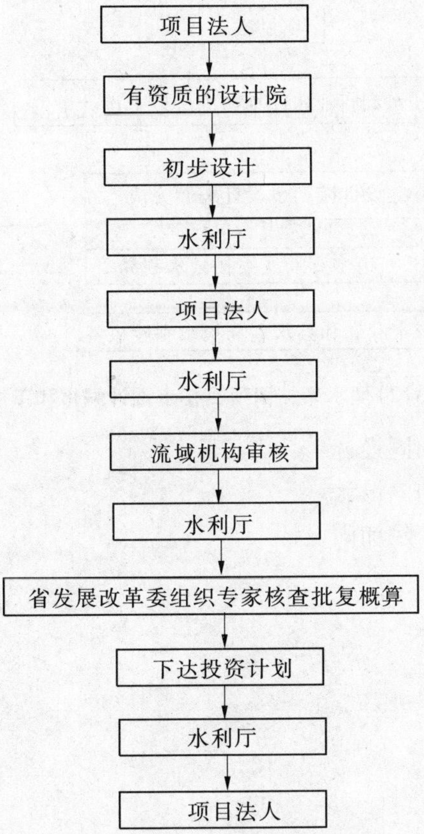

图7-6 中型水库加固初步批复程序

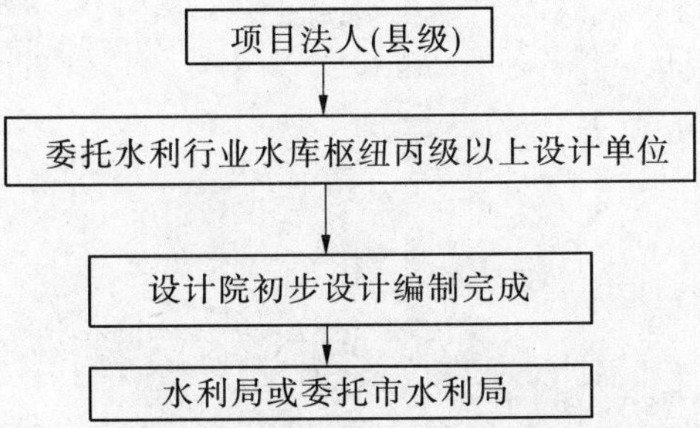

图7-7 小(1)型水库加固项目初步设计编报和审批程序

4 工程任务与规模

4.1 工程概况

4.2 水库加固洪水标准

4.3 水库范围水调节计算

4.4 水库除险加固工程措施与建设内容

5 建筑物除险加固设计

5.1 设计依据

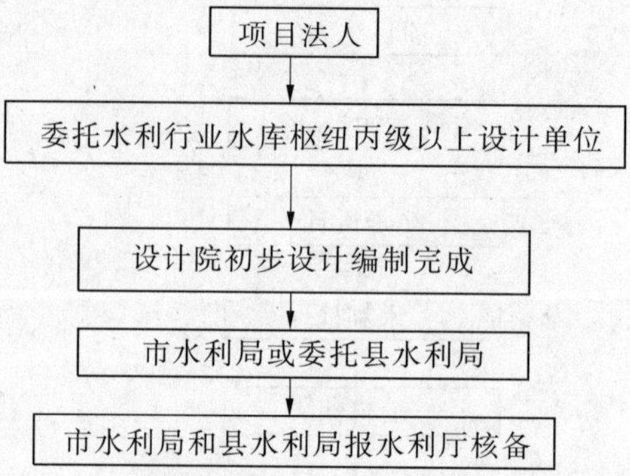

图7-8　小(2)型水库加固项目初步设计编报和审批程序

5.2　挡水建筑物除险加固设计
5.3　泄水建筑物除险加固设计
5.4　灌溉输水建筑物除险加固设计
5.5　白蚁防治
5.6　防汛公路
5.7　工程观测
5.8　建筑物项目及工程量
6　电工、金属结构
6.1　工程现状
6.1.1　电工
6.1.2　金属结构
6.2　电气工程设计
6.3　金属结构工程设计
6.4　设备规格及数量汇总表
7　施工组织设计
7.1　施工条件
7.2　施工导流
7.3　料场的选择与开采
7.4　主体工程施工
7.5　施工总布置
7.5.1　施工交通运输
7.5.2　施工布置
7.5.3　施工工厂设施
7.5.4　土石方平衡规划
7.6　施工总进度
8　工程占地与拆迁安置
8.1　工程永久占地

8.1.1　加固工程内容

8.1.2　占地数量与占地性质(如水田、旱地、山场、鱼塘等)

8.2　征用地面附着物实物指标

8.3　补偿费用

8.3.1　计算依据

8.3.2　工程占地实偿费用

(1)亩产值计算

(2)补偿单价计算

(3)补偿费用计算

8.3.3　地面附着物补偿费用

(1)补偿单价

(2)补偿费用计算

8.3.4　补偿费用

9　环境保护与水土保持设计

10　工程管理设计

10.1　管理机构

10.2　工程管理范围和保护范围

10.3　主要管理设施

10.3.1　现状管理设施

10.3.2　配备管理设施

10.4　工程管理运用

11　设计概算

11.1　编制说明

11.1.1　工程概况

11.1.2　主要经济指标

11.2　编制依据及基础资料

11.2.1　编制依据

11.2.2　基础资料

(1)人工预算价格

(2)材料预算价格

(3)设备价格

11.3　费用构成及计算标准

11.4　概算编制

11.4.1　建筑工程

11.4.2　机电设备及安装工程

11.4.3　金属结构设备及安装工程

11.4.4　临时工程

11.5　独立费用

11.5.1　建设管理费
11.5.2　生产准备费
11.5.3　科研勘测设计费
11.5.4　建设及施工场地征用费
11.5.5　其他费用
11.6　设计概算表
12　经济评价

第三节　中小河流治理工程初步设计前期工作

一、基本内容

根据财政部、水利部印发的《全国重点地区中小河流近期治理建设规划》(水规计[2009]497号)、《全国中小河流治理项目和资金管理办法》(财建[2011]156号)、《中小河流治理工程初步设计指导意见》,以及安徽省财政厅、安徽省水利厅《安徽省中小河流治理项目和资金管理办法》(财建[2011]827号)前期工作程序及有关要求如下:

规划及实施方案由水利部组织各省水利厅编制,具体包括项目名称、建设内容、规模、标准,各单项的控制投资,实施管理要求等。项目初步设计由省水利厅会同省财政厅审批,其中涉及省际河段的建设项目,须经流域机构复核后审批。

中小河流治理工程初步设计应由具有水利行业河道治理乙级及以上设计资质的单位承担。项目涉及征地、环保的,应在初步设计审查前,按照有关法律法规要求履行相应程序,工程建设用地需由国土资源管理部门出具土地预审意见,环保需由环境保护行政主管部门出具环境影响评价审核意见。初步设计报告由各市水利(水务)局、财政局联合上报省水利厅、财政厅,由省水利厅会同财政厅审查审批,委托市级审查的项目,市水利(水务)局应会同市财政局审查后,联合将审查意见上报省水利厅、财政厅审批。

按照省水利厅《关于做好中小河流治理项目初步设计有关工作的通知》(皖水基函[2011]1395号)要求,对列入2013~2015年规划的中小河流项目,以市为单位集中打捆进行勘察设计招标,各市择优选择信誉好、实力强、技术水平高的勘察设计单位,集中设计力量共同商定建设内容和方案,统一勘察、统一设计,避免同一条河流不同河段由不同的设计单位承担,治理思路相互脱节,审查中反复多次修改。在项目设计招标完成后,设计单位需编制标段内项目总体设计方案,主要包括每个中小河流治理项目的建设范围、标准、内容、主要方案等,由水利厅委托相关单位组织专家及勘察设计、项目主管部门、审查、管理等相关单位,对总体设计方案进行评审,充分沟通交流,合理采纳多方面意见,逐个项目确定治理标准、内容等,减少审查过程中建设内容和方案的反复调整,缩短审查审批周期,减少实施过程中的设计变更。

目前,列入2009~2012年实施的《全国重点地区中小河流近期治理建设规划》的122个项目前期工作已基本完成,2011年底前全面开展列入2013~2015年中小河流治理项目的设计招标、初步设计编报等前期工作,2012年汛前完成一半以上的项目审查审批,

2013年汛前全面完成所有项目的审查审批。

二、设计理念

(一)避免洪水风险转移,合理确定治理标准

中小河流治理要站在全流域的角度,统筹兼顾近远期、干支流、上下游、左右岸的关系,合理确定治理标准。一般对于以保护县城和乡镇为主的防洪工程,防洪标准为20年一遇;对于以保护乡村农田为主的防护工程,防洪标准一般为10年一遇,个别保护范围大或经济发展水平高的可为20年一遇。排涝工程标准一般为5年一遇,堤防等级为4~5级,一般情况下,不能盲目追求高标准,提高标准应进行充分论证,避免增加下游或干流的防洪压力,防止洪水风险灾害转移。

(二)减少对河道的影响,正确处理好防洪与生态的关系

中小河流治理刚刚起步,面广量大,所需资金庞大,暂时还不能把水质保护、改善河流生态环境、恢复河流生物多样性及河流景观工程等生态措施纳入治理内容,但是在设计中一定要摒弃过去以防洪为单一目的,随意对河道进行裁弯取直、渠化天然河道、硬化河底河坡、侵占滩地加高堤防、缩窄河床等设计理念,树立"人与自然和谐,河流回归自然"的设计理念,在满足防洪的前提下,避免或尽可能减少工程建设对河流生态系统的影响,恢复河道原有功能,为实现人水和谐和进一步治理创造条件。城市景观园林建设可以统一设计、一并实施,但要区分建设内容,分别列出其工程量和投资,明确景观园林工程资金来源,中央和省级中小河流治理资金只能用于防洪除涝保安工程。

(三)以防洪除涝保安为重点,合理确定建设内容

中小河流治理要根据治理河段存在的突出问题,以防洪保安为重点,提高重要圩口、重点河段、重要防护对象、严重阻水河段的防洪排涝能力,建设内容重点是堤防加固和新建、河道清淤疏浚、护岸护坡等,同时应兼顾历年重点险工险段应急处理,尽可能成段、成圈集中治理,发挥整体治理效益,工程措施要以重点河段加固为主,兼顾治理范围内其余河段的防洪安全。治理范围及主要建设内容要合理吸纳地方政府意见。初步设计要与规划阶段治理范围和规模基本一致,规划阶段的治理范围不能随意缩减和调整。

治理河段内影响堤防安全的穿堤建筑物及严重阻水的跨河建筑物可结合河道治理方案采取必要的处理措施。排涝泵站及设备等内容由相关专项规划安排,不纳入中小河流建设内容。在中小河流治理建设中产生的占地和移民投资,由地方负责,不计列交通工具和办公设备、楼堂馆所等建设和投资。

三、设计中应注意的问题

(一)要注重现状调查分析,加强设计内容的针对性

设计洪水成果要和干支流、上下游标准相一致,并用历史洪水、洪痕校验。要提高地勘工作的针对性,地质勘察要与工程实际和设计内容相结合,现场调查和勘测的重点是历年险工险段、堤身堤基易发生渗透稳定破坏的堤段、特殊地质堤段和穿堤建筑物等部位。要摸清现状、找准问题、加强设计内容的针对性,应分河段分析河道、堤防和建筑物工程现状以及存在的主要问题,采取有针对性的措施,提高投资效益。

（二）合理确定堤线和堤型

堤防工程原则上以原有堤防除险加固为主，尽量维持原堤线及堤距。在堤线布置中，不得缩窄河道行洪断面，避免堤线向河道进建、占滩造地。在确保河道防洪安全的前提下，应尽可能保留河流的自然形态，即保留或恢复湿地、河湾、急流和浅滩，宜宽则宽，宜弯则弯，不能为统一断面，在现有边坡上修建堤防。不能完全按照当地政府或居民意见，把不必要的保护对象纳入保护范围。

堤型选择应首选土堤方案。

堤防迎水侧稳定满足要求时，宜维持现状稍加整修，不宜大范围全线标准化削坡。淮北地区堤防加培后要采取水土流失防护措施，现有堤坡上不影响堤防安全的树木可以保留，堤后宜设排水沟兼界沟。

堤基防渗处理优先采用堤后盖重、堤前铺盖防渗。不提倡采用垂直防渗墙截渗，特别是山区河流的堤防工程，洪水过程较短，堤基垂直防渗措施应谨慎采用。堤后排涝河沟可适当调整合并，尽量减少新建穿堤建筑物的数量。

（三）清淤疏浚工程要发挥整体效益

一般除局部阻水河段外，要从下游向上游疏浚，沿滩地较宽的一侧或沿凸岸扩挖，河道上下游比降要协调，受投资限制的河段，可以考虑全线近期降低标准疏浚清障，尽量避免局部河段高标准疏浚扩挖。有条件的地方疏挖土方要与土地整理和圩堤建设结合，减少弃土占地，减轻对生态环境的影响。

（四）堤防护坡型式宜与自然和谐

除崩岸、塌岸、迎流顶冲、淘刷严重堤段必须采用硬护坡外，尽可能采用草皮护坡，生态护坡还处于尝试阶段，不宜大规模使用。防冲性能较好的生态护坡一般单价较高，只能用于重要城镇段或景观区堤防。

（五）建立工程建后管护长效机制

在工程初步设计编报时，应明确工程建后管理责任主体、管理范围、任务和职责，已有管理机构的，原则上应由原河道管理机构管理，并将地方政府明确工程管理机构、管理人员和管护经费的批复文件或会议纪要等文件一并上报。

（六）严格控制设计概算

设计概算费用标准按照《安徽省水利水电工程设计概（估）算编制规定》中规定的“引水及河道工程”标准取用，概算按规划批复投资控制。除新增堤身压地、拓宽河道开挖占地外，一般不计列永久征地，征地移民投资由地方负责。城市建设和景观工程投资不列入概算。工程实际需要投资超出规划投资的，超出部分资金需要地方政府承诺另行自筹解决，不列入批复概算。市、县要加强工程建设管理，严格控制投资，概算投资结余资金全部留归市县继续用于中小河流河道治理，市、县水利部门商财政部门研究后，也可适当考虑防汛哨所、上堤道路建设。

第四节　病险水闸加固工程初步设计前期工作

水利部组织各省编制了《全国大中型病险水闸除险加固专项规划》，目前在审查待批复,安徽省共约168座病险水闸上报列入规划。有关单项工程在规划范围内,按年度计划组织实施。初步设计等前期工作报批程序基本同大中型病险水库加固工程。

一、安全鉴定

安全鉴定工作主要依据《水闸安全鉴定管理办法》(水建管[2008]214号)和《水闸安全鉴定规定》(SL 214—98)、《关于印发〈全国大中型病险水闸安全鉴定核查工作实施方案〉的通知》(办建管[2011]172号)等相关技术标准组织进行。水闸管理单位负责组织所管辖水闸的安全鉴定工作(以下称鉴定组织单位);由省水利厅审定大型及其直属水闸的安全鉴定意见;市(地)级及以上水行政主管部门审定中型水闸安全鉴定意见。

水闸安全鉴定包括水闸安全评价、水闸安全评价成果审查和水闸安全鉴定报告书审定及核查。

水闸安全评价:鉴定组织单位进行水闸工程现状调查,委托符合资质资格要求的有关单位开展水闸安全评价(以下称鉴定承担单位)。鉴定承担单位对水闸安全状况进行分析评价,提出水闸安全评价报告。大型水闸的安全评价,由具有水利水电勘测设计甲级资质的单位承担;中型水闸安全评价,由具有水利水电勘测设计乙级以上(含乙级)资质的单位承担。经水利部认定的水利科研院(所),可承担大、中型水闸的安全评价任务。

水闸安全评价成果审查:由鉴定审定部门或委托有关单位,主持召开水闸安全鉴定审查会,组织成立专家组,对水闸安全评价报告进行审查,形成水闸安全鉴定报告书。

水闸安全鉴定报告书审定:由省水利厅审定大型及其直属水闸的安全鉴定意见,市(地)级及以上水行政主管部门审定中型水闸安全鉴定意见。

安全鉴定核查:根据水利部办公厅《关于印发〈全国大中型病险水闸安全鉴定核查工作实施方案〉的通知》(办建管[2011]172号),纳入《全国大中型病险水闸除险加固专项规划》的全部病险水闸均需进行安全鉴定核查,其中,大型病险水闸的核查工作由水利部负责组织,由水利建设与管理总站、水规总院、水科院和南科院负责;中型病险水闸核查工作由省水行政主管部门负责,流域机构进行抽查。安徽省安全鉴定核查工作主要由省水利水电勘测设计院和省水科院承担。具体工作按照《病险水闸安全鉴定成果核查工作细则》开展。

二、初步设计报批程序

大型病险水闸除险加固工程三类闸初设由省水利厅初审、所在流域机构复核后省发展改革委批复,中型病险水闸除险加固工程三类闸由省水利厅或省发展改革委审批,四类闸的程序待水利部商国家发展改革委确定。

第五节　堤防工程建设

一、工程设计审批

(1) 1、2级堤防工程项目建议书、可行性研究报告及初步设计由水规总院负责审查,由水利部审核后报国家计委审批。

(2)3、4 级堤防工程项目建议书、可行性研究报告由流域机构组织审查,报水利部审批,初步设计报告由省级水行政主管部门组织审查,报流域机构审批。

(3)地方投资的堤防工程项目建议书、可行性研究报告及初步设计由省级水行政主管部门依据流域规划组织审查,报送流域机构提出审核意见,按基建程序办理报批手续。

二、立项审批

堤防工程建设项目立项审批分为四个阶段,即项目建议书、可行性研究报告、初步设计和开工报告。堤防工程建设项目必须首先提出项目建议书,经上级主管部门批准后,进行工程可行性研究和初步设计,对要求列入年度计划的项目,应有批准的初步设计和开工报告,并编制年度计划、单项工程计划和形象进度计划。

按照国家计委发布的《关于实行建设项目法人责任制的暂行规定》(计建设[1996]673 号),堤防工程建设项目各阶段有关文件,必须由项目主管部门或项目法人负责组织编制,并承担相应的前期工作费用,完成相应的前期工作量。

堤防工程建设项目的项目建议书、可行性研究报告和初步设计报告等文件的编制,由项目主管部门或项目法人根据堤防的级别委托具有相应资质的水利水电勘测设计单位承担。对不同等级堤防工程设计单位的资质按《堤防工程勘察设计资格分级标准补充规定》(水建管[1998]541 号)执行。

在堤防工程建设中,工程概算确需调整,应按照国家基本建设程序有关规定报批。中央与地方共同负责投资建设的堤防工程,调整概算后增加的投资按原批比例共同分担;中央补助项目和地方项目调整概算后所增加的投资原则上由地方承担,中央不再增加补助投资。

项目建议书、可行性研究报告经审查或审批后,三年内未能按规定报送下一阶段设计文件的,原报告必须重新编制报批。

项目建议书编制内容和技术深度要求按水利部《水利水电工程项目建议书编制暂行规定》(水规计[1996]608 号)执行。

堤防工程可行性研究报告的具体编制内容和技术深度要求,按照 1993 年电力部、水利部联合发布的《水利水电工程可行性研究报告编制规程》(DL 5020—93)执行。可行性研究阶段必须在充分做好现状堤防断面、水下地形测量、堤防基础勘探和堤防稳定、渗透分析的基础上完成堤防断面设计。

堤防工程初步设计(或总体设计)文件的编制具体内容和深度要求按照电力部、水利部 1993 年发布的《水利水电工程初步设计报告编制规程》(DL 5021—93)执行。初步设计报告在报送主管部门审批时,除技术文件外,还应附有如下有关材料:项目建议书和可行性研究的批准书,资金筹措文件,外部协调文件。

堤防工程初步设计编制的概算静态总投资原则上不得突破已批准的可行性研究报告概算的静态总投资。由于工程项目基本条件发生变化,引起工程规模、工程标准、设计方案、工程量的改变,其静态总投资超过可行性研究报告概算值的 15% 以内时,应对工程变化内容和增加投资提出专题分析报告;如超过可行性研究报告概算静态投资 15% 以上时,必须重新报批可行性研究报告。

三、职责划分

(1)堤防级别为1、2级,以中央投资为主体的堤防工程,国际界河和跨省重要支流等堤防工程,按基本建设程序,由水利部组织审查、审核,国家计委审批确定投资规模。以中央参与投资的3、4级堤防工程,按基本建设程序对工程项目立项可行性研究报告由流域机构组织审查报部审批,初步设计由各省(自治区、直辖市)组织审查,报流域机构审批,水利部各流域机构负责计划管理。

(2)其他堤防工程建设,由各省(自治区、直辖市)根据流域防洪规划总体任务要求和建设目标,提出建设方案,组织审查,报送流域机构提出审核意见后,按基建程序办理审批手续,并负责组织实施。

(3)省(自治区、直辖市)水利(水电)厅(局)计划管理职责负责本省堤防工程建设实施方案和年度计划、单项工程计划、工程建设形象计划的编制、申报、下达和组织实施。

四、计划管理

各建设单位要严格按初步设计和年度单项工程计划批准的施工内容组织工程建设,未经上级主管部门同意,不得擅自更改设计内容,不得擅自扩大建设规模,不得提高建设标准,不得提高或不合理压低工程单价,不得越权调整计划,更不能将基建投资挪作他用。各省(自治区、直辖市)对某一计划项目内单项工程之间的投资计划进行调整,要报流域机构审批,原则上计划项目内的各单项工程及实物工作量不得变动。

年度计划需动用预备费,项目法人按基本建设程序报请上一级主管部门批准后方可实施。

第六节 大型泵站(技改)

大型排涝泵站是指总装机功率达1万kW及以上或总装机流量达到50 m^3/s及以上的单座泵站。属同一管理单位管理,由多级或多座泵站联合组成,其总装机功率达到1万kW及以上或总装机流量达到50 m^3/s及以上的泵站系统,经批准可视做大型排涝泵站。

一、更新改造项目

根据国家发展改革委、水利部印发的《大型排涝泵站改造项目建设管理办法》(发改投资[2006]1726号)以及安徽省水利厅《安徽省大型排涝泵站更新改造项目建设管理实施细则》(暂行)前期工作程序及有关要求如下。

(一)安全鉴定

需更新改造的大型泵站应按照《泵站安全鉴定规程》(SL 316—2004)的规定进行安全鉴定,出具安全鉴定报告。安全鉴定工作由水利部灌排中心组织。

（二）可行性研究报告和初步设计报告编制

泵站管理单位在批准的总体规划基础上，委托具有相应资质的规划设计单位编制建设项目可行性研究报告和初步设计报告（报告中须包括管理体制和运行机制改革等内容），报省发展改革委和水利厅。

（三）项目审批

可行性研究报告由省发展改革委会同水利厅进行审批，对涉及提高泵站装机规模和防洪排涝标准的项目，其可行性研究报告需报经流域机构就上述两项内容提出审查意见后进行批复；初步设计报告需由省发展改革委和水利厅联合报送国家发展改革委核定概算后，由省发展改革委与水利厅联合进行批复。

（四）计划申报

大型排涝泵站更新改造项目年度计划要按照管理权限逐级申报。省发展改革委和水利厅在申报计划时应提交下述材料：

（1）安全鉴定报告；

（2）项目可行性研究报告和初步设计报告及相应的批复文件；

（3）项目年度投资建议计划；

（4）地方配套资金承诺文件；

（5）地方政府批复的泵站水管体制改革方案，管理运行和维修养护经费来源承诺文件。

（五）安徽省大型排涝泵站更新改造项目

（1）各级水行政主管部门为泵站更新改造项目主管部门，负责项目法人组建，协助地方人民政府进行大型排涝泵站更新改造项目建设征地、拆迁及移民安置工作。

（2）省水利厅委托省机电排灌总站负责全省大型排涝泵站更新改造项目前期工作、计划管理、项目实施监管等工作。省机电排灌总站应强化管理，确保大型排涝泵站项目顺利实施。

（3）可行性研究报告由项目所在市发展改革委与水行政主管部门共同上报省发展改革委、省水利厅，审批工作由省发展改革委会同省水利厅进行。初步设计报告经省发展改革委、省水利厅初审，国家发展改革委核定概算后，由省发展改革委会同省水利厅审批。

（4）泵站更新改造项目按照基本建设程序组织管理。主要包括可行性研究报告、初步设计、施工准备、建设实施、竣工验收等。项目法人及其建设单位应严格按照上述规定程序和先后顺序，逐项履行报批手续。

（5）更新改造项目初步设计一经审批，必须严格按照审批的建设内容实施，严禁擅自变更。确需变更的应比照基建程序办理。对于重大设计变更，由设计单位提出、项目法人同意、省水利厅审核后报原项目审批部门批复。

第八章　水利工程招标投标

第一节　招标范围

符合下列具体范围并达到规模标准之一的水利工程建设项目必须进行招标。

(1)关系社会公共利益、公共安全的防洪、排涝、灌溉、水力发电、引(供)水、滩涂治理、水土保持、水资源保护等水利工程建设项目;

(2)使用国有资金投资或者国家融资的水利工程建设项目;

(3)使用国际组织或者外国政府贷款、援助资金的水利工程建设项目。

第二节　规模标准

一、必须招标的项目规模标准

(1)施工单项合同估算价在200万元人民币以上的;

(2)重要设备、材料等货物的采购,单项合同估算价在100万元人民币以上的;

(3)勘察设计、监理等服务的采购,单项合同估算价在50万元人民币以上的;

(4)项目总投资额在3 000万元人民币以上,但分标单项合同估算价低于本项第(1)、(2)、(3)规定的标准的原则上都必须招标。

二、可不进行招标的项目

下列项目可不进行招标,但须经项目主管部门批准:

(1)涉及国家安全、国家秘密的项目;

(2)应急防汛、国家安全、抗旱、抢险、救灾等项目;

(3)项目中经批准使用农民投工、投劳施工的部分(不包括该部分中勘察设计、监理和重要设备、材料采购);

(4)不具备招标条件的公益性水利工程建设项目的项目建议书和可行性研究报告;

(5)采用特定专利技术或特有技术的;

(6)其他特殊项目。

第三节 招标条件

一、勘察设计招标应当具备的条件

（1）勘察设计项目已经落实；

（2）勘察设计所需资金已落实；

（3）必需的勘察设计基础资料已收集完成。

二、监理招标应当具备的条件

（1）初步设计已经批准；

（2）监理所需资金已落实；

（3）项目已列入年度计划。

三、施工招标应当具备的条件

（1）初步设计已经批准；

（2）建设资金来源已落实，拟投资计划已经安排；

（3）监理单位已确定；

（4）具有能满足招标要求的设计文件，已与设计单位签订适应施工进度要求的图纸，图纸交付已有明确安排；

（5）有关建设项目永久征地、临时征地和移民搬迁的实施、安置工作已经落实或已有明确安排。

四、重要设备、材料招标应当具备的条件

（1）初步设计已经批准；

（2）重要设备、材料技术经济指标已基本确定；

（3）设备、材料所需资金已落实。

第四节 招标程序

（1）招标前，按项目管理权限向水行政主管部门提交招标备案报告。具体内容应当包括：招标已具备的条件、招标方式、分标方案、招标计划安排、投标人资质（资格）条件、评标方法、评标委员会组建方案以及开标、评标的工作具体安排等。

（2）编制招标文件。

（3）发布招标信息（招标公告或投标邀请书）。

（4）发售资格预审文件。

（5）按规定日期接受潜在投标人编制的资格预审文件。

（6）组织对潜在投标人资格预审文件进行审核。

(7)向资格预审合格的潜在投标人发售招标文件。

(8)组织购买招标文件的潜在投标人踏勘现场。

(9)接受投标人对招标文件有关问题要求澄清的函件,对问题进行澄清,并书面通知所有潜在投标人。

(10)组织成立评标委员会,并在中标结果确定前保密。

(11)在规定时间和地点,接受符合招标文件要求的投标文件。

(12)组织开标评标会。

(13)在评标报告推荐的中标候选人中,确定中标人。

(14)向水行政主管部门提交招标投标情况的书面总结报告。

(15)发中标通知书,并将中标结果通知所有投标人。

(16)进行合同谈判,并与中标人订立书面合同。

第五节　勘察(测)设计

符合下列具体范围并达到规模标准之一的水利工程建设项目初步设计和施工图阶段的勘察(测)设计必须进行招标。

一、具体范围

(1)关系社会公共利益、公共安全的防洪、排涝、灌溉、水力发电、引(供)水、滩涂治理、水土保持、水资源保护等水利工程建设项目;

(2)使用国有资金投资或者国家融资的水利工程建设项目;

(3)使用国际组织或者外国政府贷款、援助资金的水利工程建设项目。

二、规模标准

(1)勘察(测)设计单项合同估算价在50万元人民币以上的;

(2)项目总投资额在3 000万元人民币以上的。

上述情况中有下列情形之一的,根据项目审批程序,经项目主管部门批准,可以不进行招标:

(1)涉及国家安全、国家秘密的;

(2)抢险救灾或紧急度汛的;

(3)采用特定的专利或者专有技术的;

(4)技术复杂或专业性强,能够满足条件的勘察(测)设计单位少于3家,不能形成有效竞争的。

三、招标文件的内容

(1)投标须知;

(2)工程说明书(包括工程内容、设计范围、地形测绘及工程地质勘察和试验资料、工程进度和设计进度要求等);

（3）上级审批、审查、评估等有关文件；

（4）工程特殊要求；

（5）设计合同主要条款；

（6）设计基础资料供应方式；

（7）设计成品审查方式；

（8）组织现场查勘的时间和地点；

（9）投标起止日期及开标地点；

（10）对投标人资格审查的标准；

（11）投标报价要求；

（12）评标标准。

第六节　工程监理招标

符合下列具体范围并达到规模标准之一的水利工程建设项目建设监理必须进行招标。

一、具体范围

（1）关系社会公共利益或公共安全的防洪、排涝、灌溉、水力发电、引（供）水、滩涂治理、水土保持、水资源保护等水利工程建设项目；

（2）使用国有资金投资或者国家融资的水利工程建设项目；

（3）使用国际组织或者外国政府贷款、援助资金的水利工程建设项目；

（4）铁路、公路、城镇建设、矿山、电力、石油天然气、建材等开发建设项目的配套水土保持工程。

二、规模标准

总投资200万元以上的水利工程建设项目。

三、招标文件内容

（1）投标邀请书。

（2）投标人须知。投标人须知应当包括：招标项目概况，监理范围、内容和监理服务期，招标人提供的现场工作及生活条件（包括交通、通信、住宿等）和试验检测条件，对投标人和现场监理人员的要求，投标人应当提供的有关资格和资信证明文件，投标文件的编制要求，投标文件的方式、地点和截止时间，开标日程安排，投标有效期等。

（3）书面合同书格式。大、中型项目的监理合同书应当使用《水利工程建设监理合同示范文件文本》（GF－2000－0211），小型项目可参照使用。

（4）投标报价书、投标保证金和授权委托书、协议书和履约保函的格式。

（5）必要的设计文件、图纸和有关资料。

（6）投标报价要求及其计算方式。

(7)评标标准与方法。

(8)投标文件格式。

(9)其他辅助资料。

第七节　水利工程项目施工招标

工程建设项目符合《工程建设项目招标范围和规模标准规定》(国家计委令第3号)规定的范围和标准的,必须通过招标选择施工单位。

一、招标条件

依法必须招标的工程建设项目,应当具备下列条件才能进行施工招标:

(1)招标人已经依法成立;

(2)初步设计及概算应当履行审批手续的,已经批准;

(3)招标范围、招标方式和招标组织形式等应当履行核准手续的,已经核准;

(4)有相应资金或资金来源已经落实;

(5)有招标所需的设计图纸及技术资料。

二、招标形式

工程施工招标分为邀请招标和公开招标。

(一)邀请招标

国务院发展计划部门确定的国家重点建设项目和各省(自治区、直辖市)人民政府确定的地方重点建设项目,以及全部使用国有资金投资或者国有资金投资占控股或者主导地位的工程建设项目,应当公开招标。有下列情形之一的,经批准可以进行邀请招标:

(1)项目技术复杂或有特殊要求,只有少量几家潜在投标人可供选择的;

(2)受自然地域环境限制的;

(3)涉及国家安全、国家秘密或者抢险救灾,适宜招标但不宜公开招标的;

(4)拟公开招标的费用与项目的价值相比,不值得的;

(5)法律、法规规定不宜公开招标的。

国家重点建设项目的邀请招标,应当经国务院发展计划部门批准;地方重点建设项目的邀请招标,应当经各省(自治区、直辖市)人民政府批准。

全部使用国有资金投资或者国有资金投资占控股或者主导地位的并需要审批的工程建设项目的邀请招标,应当经项目审批部门批准,但项目审批部门只审批立项的,由有关行政监督部门批准。

采用邀请招标方式的,招标人应当向三家以上具备承担施工招标项目的能力、资信良好的特定的法人或者其他组织发出投标邀请书。

(二)公开招标

采用公开招标方式的,招标人应当发布招标公告,邀请不特定的法人或者其他组织投标。依法必须进行施工招标项目的招标公告,应当在国家指定的报刊和信息网络上发布。

1. 招标公告

招标公告或者投标邀请书应当至少载明下列内容：

(1)招标人的名称和地址；

(2)招标项目的内容、规模、资金来源；

(3)招标项目的实施地点和工期；

(4)获取招标文件或者资格预审文件的地点和时间；

(5)对招标文件或者资格预审文件收取的费用；

(6)对招标人的资质等级的要求。

2. 资格审查

资格审查分为资格预审和资格后审。

资格预审是指在投标前对潜在投标人进行的资格审查。

资格后审是指在开标后对投标人进行的资格审查。

进行资格预审的，一般不再进行资格后审，但招标文件另有规定的除外。

(1)采取资格预审的，招标人应当在资格预审文件中载明资格预审的条件、标准和方法；采取资格后审的，招标人应当在招标文件中载明对投标人资格要求的条件、标准和方法。

(2)招标人不得改变载明的资格条件或者以没有载明的资格条件对潜在投标人或者投标人进行资格审查。

(3)资格审查时，招标人不得以不合理的条件限制、排斥潜在投标人或者投标人，不得对潜在投标人或者投标人实行歧视待遇。任何单位和个人不得以行政手段或者其他不合理方式限制投标人的数量。

(4)审查内容

资格审查应主要审查潜在投标人或者投标人是否符合下列条件：

①具有独立订立合同的权利；

②具有履行合同的能力，包括专业、技术资格和能力，资金、设备和其他物质设施状况，管理能力，经验、信誉和相应的从业人员；

③没有处于被责令停业，投标资格被取消，财产被接管、冻结，破产状态；

④在最近三年内没有骗取中标和严重违约及重大工程质量问题；

⑤法律、行政法规规定的其他资格条件。

3. 招标文件

招标文件一般包括下列内容：

(1)投标邀请书；

(2)投标人须知；

(3)合同主要条款；

(4)投标文件格式；

(5)采用工程量清单招标的，应当提供工程量清单；

(6)技术条款；

(7)设计图纸；

(8)评标标准和方法;

(9)投标辅助材料。

招标人应当在招标文件中规定实质性要求和条件,并用醒目的方式标明。

4.其他

1)答疑

对于潜在投标人在阅读招标文件和现场踏勘中提出的疑问,招标人可以书面形式或召开投标预备会的方式解答,但需同时将解答以书面方式通知所有购买招标文件的潜在投标人。该解答的内容为招标文件的组成部分。

2)踏勘现场

招标人根据招标项目的具体情况,可以组织潜在投标人踏勘项目现场,向其介绍工程场地和相关环境的有关情况。潜在投标人依据招标人介绍情况作出的判断和决策,由投标人自行负责;招标人不得单独或者分别组织任何一个投标人进行现场踏勘。

3)标底

招标人可根据项目特点决定是否编制标底。编制标底的,标底编制过程和标底必须保密。

招标项目编制标底的,应根据批准的初步设计、投资概算,依据有关计价办法,参照有关工程定额,结合市场供求状况,综合考虑投资、工期和质量等方面的因素合理确定。

标底由招标人自行编制或委托中介机构编制。一个工程只能编制一个标底。

任何单位和个人不得强制招标人编制或报审标底,或干预其确定标底。

招标项目可以不设标底,进行无标底招标。

4)评标

在评标过程中,不得改变招标文件中规定的评标标准、方法和中标条件。

第八节　重要设备、材料采购

符合下列具体范围并达到规模标准之一的水利工程建设项目重要设备、材料采购必须进行招标。

一、具体范围

(一)重要设备

(1)直接用于项目永久性工程的机电设备、自动化设备、金属结构及设备、试验设备、原型观测和测量仪器设备;

(2)使用本项目资金购置的用于本项目施工的各种施工设备、施工机械和施工车辆等;

(3)使用本项目资金购置的服务于本项目的办公设备、通信设备、电气设备、医疗设备、环保设备、交通运输车辆和生活设施设备等。

(二)重要材料

(1)构成永久工程的重要材料,如钢材、水泥、粉煤灰、硅粉、抗磨材料等;

(2)用于项目数量大的消耗材料,如油品、木材、民用爆破材料等。

二、规模标准

(1)重要设备、材料等货物的采购,单项合同估算价在100万元人民币以上的;

(2)项目总投资额在3 000万元人民币以上,但分标单项合同估算价低于本条第(1)款规定的标准的大型水泵、电机等机电设备原则上都必须招标。

上述情况中有下列情形之一的,根据项目审批程序,经项目主管部门批准,可以进行邀请招标:

(1)项目技术复杂,有特殊要求或涉及专利权保护,受自然资源或环境限制,新技术或技术规格事先难以确定的项目;

(2)应急度汛项目;

(3)其他特殊项目。

三、招标文件内容

(1)招标公告或投标邀请书。

(2)投标人须知。投标人须知应当包括:招标项目概况,资金来源,重要设备、材料的名称、规格、型号、数量和批次、运输方式、交货地点、交货时间、验收方式,有关招标文件的澄清、修改的规定,投标人须提供的有关资格和资信证明文件的格式、内容要求,投标报价的要求、报价编制方式及须随报价单同时提供的资料,标底的确定方法,评标的标准、方法和中标原则,投标文件的编制要求、密封方式及报送份数,投标文件的方式、地点和截止时间,投标保证金的金额及交付方式,开标日程安排,投标有效期等。

(3)合同条件(通用条款和专用条款)。

(4)图纸及设计资料附件。

(5)技术规定及规范(标准)。

(6)货物量、采购及报价清单。

(7)安装调试和人员培训内容。

(8)表式和其他需要说明的事项。

第九节 安徽省水利工程招标投标工作若干规定

一、不进行招标情形

(1)《水利工程建设项目招标投标管理规定》(水利部14号令)第二十二条、《工程建设项目施工招标投标办法》(七部委局30号令)第十二条、《水利工程建设项目勘察(测)设计招标投标管理办法》(水总[2004]511号)第四条、《安徽省实施〈中华人民共和国招标投标法〉办法》第六条规定的情形。

(2)在建工程追加的附属小型工程或主体工程增补的项目,其合同估算价低于原中标价的15%且不高于200万元,承包人未发生改变,具备承包能力的。

二、合理划分标段

中小型工程勘察设计和监理招标一般可不分标。施工招标标段划分要科学合理,有利于工程施工管理及工程质量、投资、工期的综合控制,有利于项目划分。堤防工程一般按堤段分标(土方、一般穿堤建筑物、护坡等宜合并为一个标段),对1、2级堤防,要结合堤线长度和行政区划进行划分,原则上每个标段合同估算价不少于1 000万元,大中型独立建筑物部分宜作为一个标段,水泥、钢筋等大宗材料采购由招标人决定是否单独招标,金属结构、机电设备、自动控制等可根据工程特征和供货厂家等因素划分标段,工程内容(含材料设备)零散的宜作为一个标段打捆招标。

三、关于要求进入《安徽省水利工程招标投标服务中心》有关问题的通知(安徽省水利厅皖水基函[2009]833号)

(1)自2009年8月起,安徽省境内的中央和省级投资为主的防洪、排涝、灌溉、水力发电、农村安全饮水、水土保持、水资源保护等水利工程项目的招投标工作,一律进入招投标服务中心,统一信息发布、统一交易规则、统一规范运作、统一监督管理。

(2)招标项目进入招投标服务中心后,有关招标代理机构、招标人和主管部门仍依法履行相关职责。

(3)各级水行政主管部门要按照“分级管理、分级负责”的原则,加强对招投标活动的监管;省水利厅有关处室按项目管理体制职责分工,依法实施监督。

四、安徽省水利水电工程招标文件(示范文本)说明

凡安徽省境内列入国家或地方投资计划的水利水电工程使用《安徽省水利水电招标文件(示范文本)》,其余水利项目可参照使用。

《安徽省水利水电招标文件(示范文本)》共包括3大类,共计9个示范文本,12个评标办法,由招标人对应选用;对于分类未包括的招标项目可参照类似类型编写,特殊类型的可根据有关规定及招标项目特点自行编写。

(一)施工类

施工类编制一个示范文本,其中评标办法分类如下:

(1)大中型枢纽或水工建筑物工程:大中型枢纽、水电站、泵站、船闸、水闸工程等。

(2)专业技术工程:基础处理(含防渗处理)、水工大坝、水工隧洞、河道疏浚、管理房及装饰工程等。

(3)一般性水利工程:堤防工程(含小型穿堤建筑物、护坡、护岸等;若含基础处理工程,其投资比例小的按一般性水利工程编写,投资比例大的,单独分标按专业技术工程编写)、小型农田水利工程、农村饮水工程、水利血防工程、水土保持及环境保护工程等。

(二)货物类

货物类共编制五个示范文本,具体如下:

(1)启闭机设计、制造(安装)。

(2)自动化系统:计算机监控与监视系统、防汛调度自动化系统、安全监测自动化系

统、水文自动测报系统等。

(3)闸门制作(安装)。

(4)其他设备采购:水泵、电机、输变电设备、通信设备、电梯、阀门、水表等。

(5)大宗材料采购:塑料管材、其他材料(钢材、水泥、粉煤灰、油料、外加剂等)。

(三)服务类

服务类共编制三个示范文本,具体如下:

(1)勘察、设计;

(2)监理;

(3)项目建设管理(代建人)。

省水利水电招标文件(示范文本)中须不加修改引用的内容,若确因工程的特殊条件需要改动时,应按项目的隶属关系报项目主管部门批准同意。

五、安徽省水利工程施工招标评标办法分类

安徽省水利工程施工招标评标办法根据工程类型和标段概算投资划分为三大类,具体如下:

(一)A类项目

大中型枢纽或水工建筑物工程,包括大中型枢纽、水电站、泵站、船闸、水闸工程等。

(二)B类项目

基础处理(含防渗处理)、水工大坝、水工隧洞、河道疏浚、管理房及装饰工程等各类专业技术工程。

标段概算投资超过1 000万元的各类工程(不含A类项目),标段概算投资在800万元以上或标段中建筑物(专业技术工程)概算投资在400万元以上的中小河流治理、大中型灌区续建配套、水厂工程,小(1)型病险水库除险加固工程,打捆招标标段概算投资在500万元以上的小(2)型病险水库除险加固工程。

(三)C类项目

标段概算投资低于B类相关标准的堤防工程(含小型穿堤建筑物、护坡、护岸等;若含基础处理工程,其投资比例小的按C类编写,投资比例大的,单独分标按B类编写)、小型农田水利工程、农村饮水工程、水利血防工程、水土保持及环境保护工程等一般性水利工程。

六、安徽省水利工程招标服务中心招标投标工作流程

安徽省水利工程招标服务中心招标投标工作流程见图8-1。

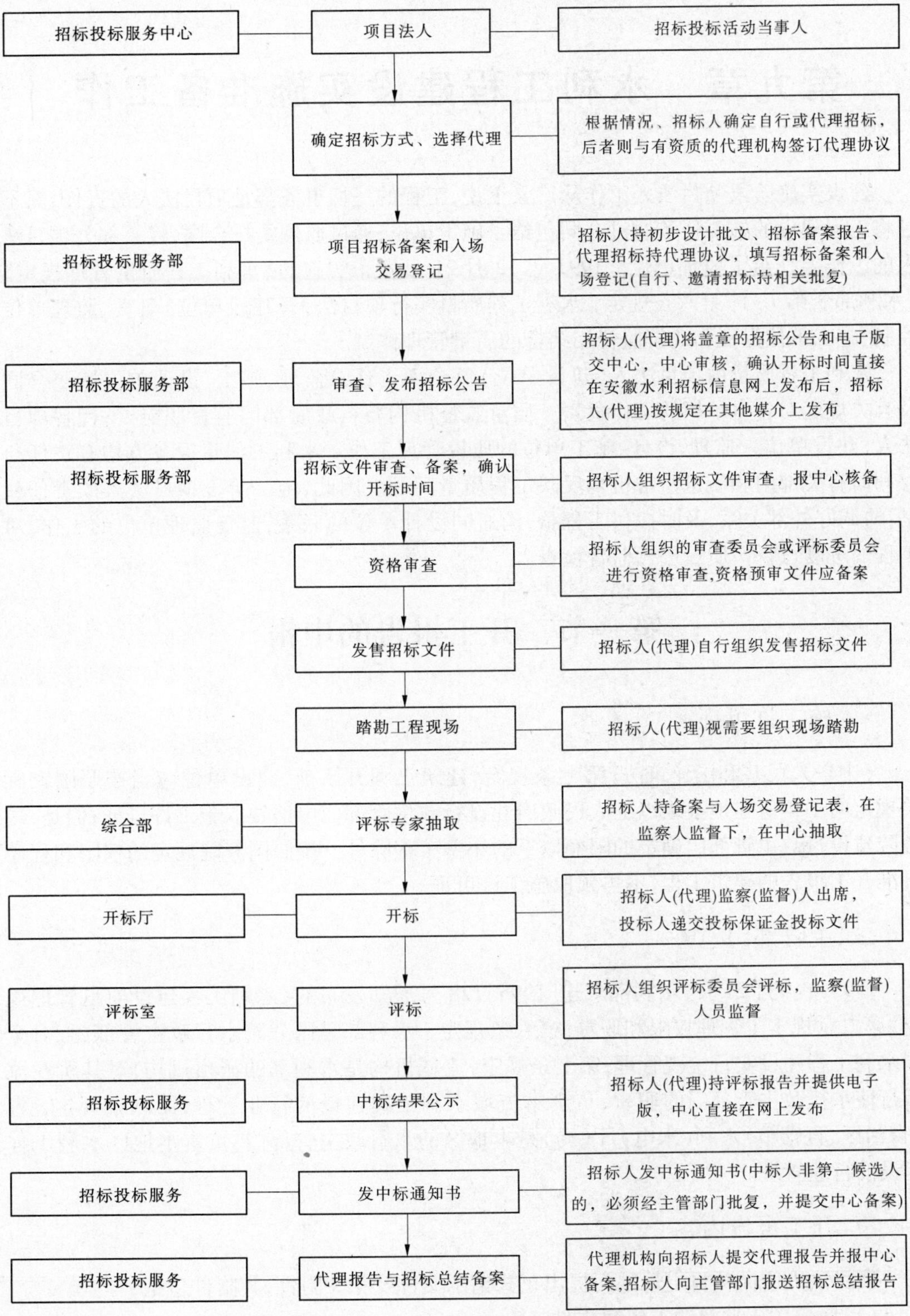

图 8-1　安徽省水利工程招标服务中心招标投标工作流程

第九章　水利工程建设实施准备工作

建设实施阶段项目法人工作从广义上说，工程的一切事务都是项目法人的责任，只不过将工程建设的施工任务通过合同包给了施工单位，通过监理委托合同，将一部分项目法人的工作委托给了监理单位。1997 年 12 月 21 日发布实施的《水利工程质量管理规定》(水利部令第 7 号)第六条规定，水利工程质量实行项目法人(建设单位)负责、监理单位控制、施工单位保证和政府监督相结合的质量管理体制。

水利工程质量由项目法人(建设单位)负全面责任。监理、施工、设计单位按照合同及有关规定对各自承担的工作负责。质量监督机构履行政府部门监督职能，不代替项目法人(建设单位)、监理、设计、施工单位的质量管理工作。水利工程建设各方均有责任与权利向有关部门和质量监督机构反映工程质量问题。因此，施工阶段项目法人的责任就是：协调好外部关系，及时拨付工程款，沟通同设计单位的联系，监督监理单位的工作，对工程的进度、造价、质量进行监督检查。

第一节　开工报告的申报

一、施工许可证

《中华人民共和国建筑法》第七条规定，建筑工程开工前，建设单位应当按照国家有关规定向工程所在地县级以上人民政府建设行政主管部门申请领取施工许可证；但是，国务院建设行政主管部门确定的限额以下的小型工程除外。按照国务院规定的权限和程序批准开工报告的建筑工程，不再领取施工许可证。

二、主管部门

1995 年 4 月 21 日，水利部水建[1995]128 号通知发布的《水利工程建设项目管理规定》第二章规定了管理权限和职责；第六条规定，水利部是国务院水行政主管部门，对全国水利工程建设实行宏观管理；第七条规定，流域机构是水利部的派出机构，对其所在流域行使水行政主管部门的职责，负责本流域水利工程建设的行业管理；第八条规定，省(自治区、直辖市)水利(水电)厅(局)是本地区的水行政主管部门，负责本地区水利工程建设的行业管理。

三、开工报告内容

项目法人应向项目主管部门提出正式请示文件及相关附件，其附件包括：

(1)政府关于项目法人组建文件；

(2)可行性研究报告、初步设计批复文件；

(3)投资计划下达文件;
(4)施工详图设计;
(5)工程施工合同、质量监督手续等证明文件;
(6)施工准备、征地、移民满足主体开工的证明;
(7)其他有关证明材料。

四、主管部门受理的条件

(1)项目法人已提出正式请示报告;
(2)建设管理模式已经确定,投资主体与项目建设管理主体的关系已经理顺;
(3)项目建设所需全部投资来源已经明确,且投资结构合理;
(4)前期工程各阶段文件已按规定批准,施工详图设计可以满足初期主体工程施工需要;
(5)建设项目已列入国家或地方水利建设投资年度计划,年度建设资金已落实;
(6)主体工程招标已经决标,工程承包合同已经签订,并得到主管部门同意;
(7)现场施工准备和征地移民等建设外部条件能够满足主体工程开工需要;
(8)已按规定办理工程质量安全监督手续。

第二节　主体工程开工须具备的条件

《水利工程建设项目管理规定》第十三条规定,项目法人或建设单位向主管部门提出主体工程开工申请报告,按审批权限,经批准后,方能正式开工。

主体工程开工,必须具备以下条件:

(1)前期工程各阶段文件已按规定批准,施工详图设计可以满足初期主体工程施工需要;
(2)建设项目已列入国家年度计划,年度建设资金已落实;
(3)主体工程招标已经决标,工程承包合同已经签订,并得到主管部门同意;
(4)现场施工准备和征地移民等建设外部条件能够满足主体工程开工需要;
(5)建设管理模式已经确定,投资主体与项目主体的管理关系已经理顺;
(6)项目建设所需全部投资来源已经明确,且投资结构合理;
(7)项目产品的销售,已有用户承诺,并确定了定价原则。

第三节　建立健全质量管理体系

工程质量实行项目法人负责、监理单位控制、施工单位保证和政府监督相结合的质量管理体制。参建各方均有责任和权利向有关部门和质量监督机构反映工程质量问题。各单位在工程现场的项目负责人对本单位在工程现场的质量工作负直接领导责任。各单位的工程技术负责人对质量工作负技术责任。具体工作人员为直接责任人。各参建单位要加强质量法制教育,增强质量法制观念,把提高劳动者的素质作为提高质量的重要环节;

加强对管理人员和职工的质量意识及质量管理知识的教育,建立和完善质量管理的激励机制,积极开展群众性质量管理和合理化建议活动。

建立由质量监督体系、质量检查体系、质量控制体系、质量保证体系四大体系、四个层次组成的工程质量管理体系。

一、质量监督体系

项目法人应及时与质量监督站按所属权限办理质量监督手续。

(1)质量监督体系包括上级业务主管部门、质量监督部门、稽查部门、审计监察部门及社会监督举报等。各参建单位必须主动接受监督,配合做好有关工作。

(2)质量监督机构按照国家有关规定行使质量监督权利,但并不代替本工程各参建单位的质量管理工作。各参建单位均有责任与权利向有关部门和质量监督机构反映工程质量问题。

(3)现场派驻的项目站负责监督本工程各参建单位在其资质等级允许范围内从事本工程建设的质量工作;负责检查、督促各参建单位建立健全质量体系;按照国家和水利行业有关工程建设法规、技术标准和设计文件实施工程质量监督,对施工现场影响工程质量的行为进行监督检查。

(4)工程质量监督实施以抽查为主的监督方式。

(5)根据工作需要,项目站可委托水利建设工程质量检测站,对本工程有关部位以及所采用的建筑材料和工程设备进行抽样检测。

二、质量检查体系

质量检查体系的主体是项目法人。其派出机构为现场建设管理机构,检查质量控制体系、质量保证体系的建立及实施情况。

项目法人负责建立健全施工质量检查体系,根据工程特点建立质量管理机构和质量管理制度。

(一)工程质量检查体系

工程质量检查体系由质量专家检查组、质量检查组、质量巡查组三个层次组成。采取不定期抽查方式对工程质量进行检查。检查内容主要包括:现场建设管理机构工程建设质量管理情况,监理单位的质量控制体系的建设及工作质量,施工单位质量保证体系的建立、执行及工程质量情况。

(二)质量检查组

质量检查组由现场建设管理机构负责人、技术负责人及工程技术科、合同管理科组成。采用定期(每月一次)及不定期的方式进行全面检查或抽查,对查出的问题将以书面形式要求有关单位整改。检查主要内容如下。

1. 检查施工单位的质量管理情况

1)组织机构

人员及工作情况是否满足工程规模、进度、施工强度要求,能否保证工程质量。

2）规章制度和质量控制措施

建立针对本工程特点的质量（安全）管理规章制度、详细完整的质量控制措施，建立完善的质量保证体系，落实三检制。

3）现场测试条件

配备相应级别的工地实验室，测试仪器、设备需按计量部门要求通过检验和认证。

4）施工记录资料

内容完整的施工大事记、施工原始记录、质量自检记录、工程测量、放样记录、质量评定、验收记录资料、施工变更记录、施工日记等，各种资料按档案管理规定及时整理。

5）执行验收程序

按规定进行隐蔽工程、分部工程、单位工程及阶段验收、竣工验收。

2. 检查施工单位的施工质量

1）施工现场管理

施工组织安排能否保证工程质量和本工程的阶段性目标及工程工期要求，工程各部位施工工艺方法应合理，避免交叉干扰重复施工等低效的施工工序。

2）单元工程质量评定

对已完成的单元工程应及时组织质量评定，已评定的各分部工程的单元工程合格率必须达到100%。

3）试验工作

外购配件（如闸门、启闭机、监控系统等）必须有厂内试验记录、出厂合格证等资料，进场后按规定进行现场试验、验收并妥善保管，工程的主要材料（钢筋、水泥、止水片等）应有出厂合格证、质保书及进场抽检，按规定存放砂石料等地材，混凝土、土、砂等应按规定取样做试验。

3. 其他检查内容

（1）工程外观观感质量要好，无明显缺陷；

（2）对质量事故按照“三不放过”原则进行处理；

（3）检查监理部质量管理情况；

（4）质量控制体系的建立及落实情况；

（5）质量控制措施，及监理人员的工作质量；

（6）监理部内业管理情况。

（三）工程质量巡查组

工程质量巡查组由现场建设管理机构工程技术科技术人员、监理工程师、设计代表、施工单位质检人员等共同组成，每天对工地检查一次。检查主要内容有：

（1）检查施工单位三检制落实情况；

（2）检查施工工艺：工程各部位施工工艺、方法应合理，符合规范要求；

（3）检查施工原始记录：应有完整、详细的施工原始记录，如质量自检、工程测量、放样、质量评定、验收等记录；

（4）检查隐蔽工程质量是否符合设计及有关规范要求；

（5）检查砂石料等的质量及堆放是否符合规范要求；

(6)检查施工供电保证、安全措施,消除事故隐患;

(7)检查已完工程外观质量,如有缺陷,查清原因,进行改进;

(8)检查现场人员的数量及素质、设备的数量及性能、材料的数量及质量与工程规模、进度是否相适应,能否满足工程质量要求;

(9)检查现场监理人员的监理工作。

三、质量控制体系

监理单位根据所承担的监理任务向工程施工现场派出相应的监理机构,人员配备必须满足项目要求。监理工程师上岗必须持有水利部颁发的监理工程师岗位证书,一般监理人员上岗要经过岗前培训。

监理单位必须自觉接受水利工程质量监督机构对其监理资格质量检查体系及质量监理工作的监督检查。

(1)现场施工质量控制主要从以下三方面进行:

①单项工程或某一工作面开工前的检查;

②施工过程中的现场旁站监理和跟踪检查;

③各施工工序或者分部、单元工程的检查复验。

(2)单项工程或某一工作面开工前,承包方(施工单位)必须首先报送自检报告,包括建筑物测量资料;基础开挖成型后隐蔽工程自检验收表;混凝土开盘前的备料、拌和、输送情况;模板、钢筋、仓面、各种埋件的检查情况表;混凝土配料单;测量检查资料以及按技术规范应报送的其他各种资料等。

(3)监理工程师在收到各种验收资料后,首先按规范和图纸要求进行核对与审查,然后在规定的时间之内赴现场对各工序情况进行复验检查。

(4)对各工程部位检查时,凡与该部位有关的各专业监理人员均必须同时到场,分别负责有关检查工作,同时承包方的质检人员必须到场。检查合格后,各有关专业人员分别按规定签字。

(5)地质监理工程师的检查内容主要是:地质情况是否与设计文件中的地质情况相符合,如不符合,则应及时向设计单位反映并会同设计人员提出具体的处理意见。对于施工过程中发生的超挖或塌方等问题,应进行客观的分析并判断其原因,及时提出合理化建议。

(6)测量监理工程师的检查内容主要有施工测量方法与精度、控制坐标、结构物高程尺寸、模板安装等。如与设计要求和有关规范不符合,则应按要求提出处理意见。

(7)材料试验监理工程师除对外购材料的材质证明和混凝土配料单进行审查外,尚须充分了解、掌握当地材料的质量等情况,并对混凝土开盘前的各种准备情况进行检查,同时还应进行混凝土的随机取样检查。各种材料必须符合设计及规范要求。

(8)机电及金属结构监理工程师应参加设备、材料的开箱检查验收;检查预埋件是否符合要求,设备安装质量是否达到标准;审查承包方报送的预埋、安装记录和工程自检报告,坚持不合格的产品不准进场安装,设备安装不符合规程、规范及设计图纸资料不签施工合格证书。

(9)监理工程师应对基础、支撑、木模、钢筋、仓面、细部构造、预埋件等进行全面检查,如有与规范、图纸不符之处,则应要求承包方进行处理,直至合格为止。

(10)监理工程师对工作面进行了检查并签证同意施工后,施工过程中必须进行监督检查,对一般部位可不定期监督和检查,对特殊部位和关键时段则要求及时跟班检查监督。

(11)现场监督是对施工过程的全面监督,包括现场人员、设备、材料进场计划和使用情况;所采用施工方法对工程进度和质量有无不利影响等,调查的各种情况均应在"监理日记"中详细记录。

(12)现场发现的问题,如果不立即纠正就会影响工程质量时,应及时口头通知现场施工负责人,同时应及时报告总监理工程师。若问题重大,总监理工程师应及时督促有关专业监理工程师书面通知承包方。

(13)对现场发现问题的处理意见,在通知承包方前,应先在内部讨论,统一认识。专业监理工程师均不宜在现场随意表态,更不得在承包方面前争论。

(14)现场发现的问题,必要时必须立即拍照或录像,注意收集第一手资料。

(15)混凝土拆模后应观测混凝土表面及块体外形尺寸有无缺陷。若有质量问题,应在审查承包方事故报告时,注意追查施工工艺,查明事故原因。

(16)对于工程质量事故,监理单位应协助调查事故原因,提出事故处理建议方案,并对处理结果检查验收。

四、质量保证体系

工程质量保证体系由设计单位、土建施工单位、设备制造单位等有关单位共同组成。针对工程具体特点,各单位必须建立健全各自的质量保证体系,落实质量责任制,并主动接受质量监督项目站等上级有关部门对质量体系及工程质量的监督、检查。

(一)设计单位

设计单位必须加强质量控制,健全设计文件的审核、会签、批准制度。按合同规定进度提交勘测、设计成果,做好设计文件技术交底工作。施工过程中应随时掌握施工现场情况,优化设计,并在施工现场派驻设计代表,及时解决有关设计问题。

(二)土建施工单位、设备制造单位

土建施工单位、设备制造单位要推行全面质量管理,建立健全质量保证体系,制定和完善岗位质量规范、质量责任及考核办法,落实质量责任制度。在施工过程中切实加强质量检验工作,认真执行"三检制",切实做好工程质量的全过程控制,保证工程质量。负责本工程材料的考察、采购,以保证材料的及时供应,并制定相应的质量保证体系、质量责任制,保证供应材料的质量。

(三)建筑材料或工程设备

(1)有产品质量检验合格证明;

(2)有中文标明的产品名称、生产厂名和厂址;

(3)产品包装和商标式样符合国家有关规定和标准要求;

(4)工程设备应有产品详细的使用说明书,电气设备还应附有线路图;

(5)实施生产许可证或实行质量认证的产品,应当具有相应的许可证或认证证书。

第四节 办理安全监督手续

项目法人应及时与安全监督站按所属权限办理安全监督手续。

《建设工程安全生产管理条例》第四十条规定,县级以上地方人民政府建设行政主管部门对本行政区域内的建设工程安全生产实施监督管理。县级以上地方人民政府交通、水利等有关部门在各自的职责范围内,负责本行政区域内的专业建设工程安全生产的监督管理。

根据《水利工程建设安全生产管理规定》(水利部令第26号)第十条规定,项目法人在水利工程开工前,应当就落实保证安全生产的措施进行全面系统的布置,明确施工单位的安全生产责任;第九条规定,项目法人应当组织编制保证安全生产的措施方案,并自开工报告批准之日起15日内报有管辖权的安全生产监督机构备案。在建设过程中,安全生产情况发生变化时,应当及时对保证安全生产的措施方案进行调整,并报原备案机关。同时应提交以下材料:

(1)工程项目建设审批文件;

(2)施工现场总平面布置图及工程建设总体进度安排计划;

(3)项目法人与监理、施工、设备及材料供应单位签订的合同(或协议)副本;

(4)项目法人、监理、勘测设计、施工、质量检测、设备及材料供应等参建单位基本情况;

(5)施工企业安全生产许可证复印件;

(6)安全生产组织机构及施工企业主要负责人、项目负责人、专职安全管理人员安全生产考核情况;

(7)项目法人与中标单位签订的安全生产目标责任书;

(8)安全施工组织设计文件和各种专项施工方案;

(9)安全生产措施费用落实情况;

(10)施工企业人身意外伤害保险办理情况;

(11)其他应提交的文件和资料。

保证安全生产的措施方案应当根据有关法律法规、强制性标准和技术规范的要求并结合工程的具体情况编制,应当包括以下内容:

(1)项目概况;

(2)编制依据;

(3)安全生产管理机构及相关负责人;

(4)安全生产的有关规章制度制定情况;

(5)安全生产管理人员及特种作业人员持证上岗情况等;

(6)生产安全事故的应急救援预案;

(7)工程度汛方案、措施;

(8)其他有关事项。

拆除和爆破工程安全生产方案包括以下内容：

(1)施工单位资质等级证明；

(2)拟拆除或拟爆破的工程及可能危及毗邻建筑物的说明；

(3)施工组织方案；

(4)堆放、清除废弃物的措施；

(5)生产安全事故的应急救援预案。

第五节　办理质量监督手续

项目法人应及时与质量监督站按所属权限办理质量监督手续。质量监督属政府监督,《水利工程质量管理规定》第十条规定，政府对水利工程的质量实行监督的制度。水利工程按照分级管理的原则由相应水行政主管部门授权的质量监督机构实施质量监督。第十六条规定，项目法人(建设单位)应根据国家和水利部有关规定依法设立,主动接受水利工程质量监督机构对其质量体系的监督检查。1997 年 8 月 25 日发布实施的《水利工程质量监督管理规定》(水建[1997]339 号)第二十一条规定,项目法人(或建设单位)应在工程开工前到相应的水利工程质量监督机构办理监督手续,签订《水利工程质量监督书》,同时提交以下材料：

(1)工程项目建设审批文件；

(2)项目法人(或建设单位)与监理、设计、施工单位签订的合同(或协议)副本；

(3)建设、监理、设计、施工等单位的基本情况和工程质量管理组织情况等资料。

第十章　项目法人实施阶段应注意的主要工作

第一节　项目法人不得修改设计文件

依据《建设工程勘察设计管理条例》(国务院令第 293 号)第二十八条规定,建设单位、施工单位、监理单位不得修改建设工程勘察、设计文件;确需修改建设工程勘察、设计文件的,应当由原建设工程勘察、设计单位修改。经原建设工程勘察、设计单位书面同意,建设单位也可以委托其他具有相应资质的建设工程勘察、设计单位修改。修改单位对修改的勘察、设计文件承担相应责任。施工单位、监理单位发现建设工程勘察、设计文件不符合工程建设强制性标准、合同约定的质量要求的,应当报告建设单位,建设单位有权要求建设工程勘察、设计单位对建设工程勘察、设计文件进行补充、修改。建设工程勘察、设计文件内容需要作重大修改的,建设单位应当报经原审批机关批准后方可修改。

第二节　放手监理机构开展工作与检查监理机构的工作

项目法人将工程的质量、进度、投资委托给监理单位,《水利工程建设监理规定》和《水利工程建设项目施工监理规范》(SL 288—2003)要求监理单位独立、公正、公平、科学、诚信地开展监理工作,这就要求项目法人单位应当放手让监理单位独立地开展工作,对正常的监理工作不要横加干涉,但是监理单位独立工作并不是项目法人单位不可以监督检查监理单位,项目法人可以检查监理单位工作的开展情况及效果,监理单位配备的资源是否满足建设监理工作的需要,监理单位的工作是否符合合同和规范的要求等。项目法人应当对监理单位进行实时的有效的监督,使监理单位认真履行合同,认真执行规范和标准,否则,项目法人负责制无法实现。

第三节　严把工程结算关

坚持工程只有合格才可以结算,未经监理单位签字,不拨付工程款原则。

监理单位的权力来自项目法人的合同授予,工程进度款的支付签字权是监理单位对工程控制的重要手段。项目法人单位应当维护监理单位在工地的权威,支持监理单位的工作,否则监理单位难以承担工程进度、质量的责任。《建设工程质量管理条例》第三十七条规定,未经总监理工程师签字,建设单位不得拨付工程款,不得进行竣工验收。

第四节　科学开展工程建设管理

项目法人的工程管理往往受到过多的人为因素影响，缺乏科学性，其结果是投资控制缺乏严格目标论证和控制体系，进度控制往往受“献礼工程”等政治因素影响而无法制订合理的工期计划，质量控制过于依赖施工监理，没有详细的验收要求等，这就直接影响工程项目目标的实现和其他各方工程管理的顺利实施，应科学开展工程建设管理，按客观规律办事，确保目标实现。

第五节　加强设计阶段投资控制

项目法人把投资控制主要局限在招标投标和施工阶段，审核施工图预算、合理结算工程价款，算细账，但毕竟是事倍功半，收效甚微。其实，能否节约投资，设计阶段至关重要，从设计方案的选择到初步设计、设备选型、扩初设计、施工图设计，都有大量节约投资的可能性。而一旦进入施工阶段，由于主要的设备、建材、施工工艺已定，节约投资的潜在因素已较少，无法大幅度地节约投资。

第六节　建设项目代建的风险

当项目法人将项目委托给代理人管理时，他们之间便存在着委托代理风险。因为代理人一般是专业项目管理公司，属于智力密集型企业，资金力量薄弱，自身抗风险能力和自我保险能力都很弱，往往无力承担损失赔偿责任，风险损失最终必然落到项目法人自身。因此，在推行和采用代建制的过程中，必须高度重视委托代理所带来的风险，采取一定的对策和措施规避风险或者减少这些风险所带来的损失。

第七节　水利建设工程施工分包管理

施工分包是指施工企业将其所承包的水利工程中的部分工程发包给其他施工企业，或者将劳务作业发包给其他企业或组织完成的活动，并承担与项目法人所签合同确定的责任和义务。

(1)水利工程施工分包按分包性质分为工程分包和劳务作业分包。

工程分包是指承包人将其所承包工程中的部分工程发包给具有与分包工程相应资质的其他施工企业完成的活动。

劳务作业分包是指承包人将其所承包工程中的劳务作业发包给其他企业或组织完成的活动。

承包是指由项目法人受标，并与项目法人正式签署协议书的企业或组织以及取得该企业或组织资格的合法继承人。

分包人是指从承包人处分包某一部分工程或劳务作业的企业或组织。

(2)水利建设工程主要建筑物主体结构不得进行工程分包。

主要建筑物是指失事以后将造成下游灾害或严重影响工程功能效益的建筑物，如堤坝、泄洪建筑物、输水建筑物、电站厂房和泵站等。主要建筑物的主体结构，由项目法人要求设计单位在设计文件或招标文件中明确。

(3)承揽工程分包的分包人必须具有与所分包承建的工程相应的资质，并在其资质等级许可范围内承揽业务，分包人必须自行完成所承包的任务。

(4)工程分包应在施工承包合同中约定，或经项目法人书面认可。劳务作业分包由承包人与分包人通过劳力合同约定。

(5)在合同实施过程中，有下列情况之一的，项目法人可向承包人推荐分包人：

①由于重大设计变更导致施工方案重大变化，致使承包人不具备相应的施工能力；

②由于承包人原因，导致施工工期拖延，承包人无力在合同规定的期限内完成合同任务；

③项目有特殊技术要求、特殊工艺或涉及专利权保护的。

如承包人同意，则承包人应与分包人签订分包合同，并对该推荐分包人的行为负全部责任；如承包人拒绝，则可由承包人自行选择分包人，但需经项目法人书面认可。

(6)项目法人一般不得直接指定分包人。但在合同实施过程中，如承包人无力在合同规定的期限内完成合同中的应急防汛、抢险等危及公共安全和工程安全的项目，项目法人经项目的上级主管部门同意，可根据工程技术、进度的要求，对该应急防汛、抢险等项目的部分工程指定分包人。因非承包人原因形成指定分包条件的，项目法人的指定分包不得增加承包人的额外费用；因承包人原因形成指定分包条件的，承包人应负责因指定分包增加的相应费用。

由指定分包人造成的与其分包工作有关的一切索赔、诉讼和损失赔偿由指定分包人直接对项目法人负责，承包人不对此承担责任。职责划分可由承包人与项目法人签订协议明确。

(7)承包人和分包人应当依法签订分包合同，并履行合同约定的义务。分包合同必须遵循承包合同的各项原则，满足承包合同中技术、经济条款。承包人应在分包合同签订后7个工作日内，送项目法人备案。

(8)项目法人或其委托的监理单位要对承包人和分包人签订的分包合同的实施情况进行监督检查。

(9)除指定分包外，承包人对其分包项目的实施以及分包人的行为向发包负全部责任。承包人应对分包项目的工程进度、质量、安全、计量和验收等实施监督和管理。

(10)分包人应当按照分包合同的约定对其分包的工程向承包人负责，分包人应接受承包人对分包项目所进行的工程进度、质量、安全、计量和验收的监督与管理。承包人和分包人就分包项目对项目法人承担连带责任。

(11)承包人和分包人应当设立项目管理机构，组织管理所承包或分包工程的施工的活动。

项目管理机构应当有与所承担工程的规模、技术复杂程度相适应的技术、经济管理人员。其中项目负责人、技术负责人、财务负责人、质量管理人员、安全管理人员必须是本单位人员。

(12)禁止将承包的工程进行转包。

承包人有下列行为之一者,属转包:

①承包人未在施工现场设立项目管理机构和派驻相当管理人员,并未对该工程的施工活动(包括工程质量、进度、安全、财务等)进行组织管理的;

②承包人将其承包的全部工程发包给他人的,或者将其承包的全部工程肢解以分包的名义分别发包给他人的。

(13)禁止将承包的工程进行违法分包。

承包人有下列行为之一者,属违法分包;

①承包人将工程分包给不具备相应资质条件分包人的;

②将主要建筑物主体结构工程分包的;

③施工承包合同中未有约定,又未经项目法人书面认可,承包人将工程分包给他人的;

④分包人将工程再次分包的;

⑤法律、法规、规章规定的其他违法分包工程行为。

(14)禁止通过出租、出借资质书承揽工程或允许他人以本单位名义承揽工程。

下列行为视为允许他人以本单位名义承揽工程:

①投标法定代表人的授权代表人不是投标人本单位人员;

②承包人在施工现场所设项目管理机构的项目负责人、技术负责人、财务负责人、质量管理人员、安全管理人员不是工程承包人本单位人员。

本规定所指本单位人员,必须同时满足以下条件:①聘用合同必须由承包人单位签订;②与承包人单位有关的工资关系;③承包人单位为其办理社会保险关系,或具有其他有效证明其为承包人单位人员身份的文件。

(15)设备租赁和材料委托不属于分包、转包管理范围。

承包人可以自行进行设备租赁或材料委托采购,但应对设备或材料的质量负责。

第八节　水利工程设计变更管理

目前,安徽省实施的水利建设项目具有范围广、数量多、前期工作时间紧、任务重、基础资料缺乏的特点,容易出现设计内容不全、深度不足、设计方案不合理、实施中设计变更多等问题。在千方百计提高初步设计质量和水平的同时,各级水利部门及项目法人要加强设计变更的监督管理。

设计变更是自水利工程工程项目初步设计批准之日起至工程竣工交付使用之日止,对已批准的初步设计进行符合有关规范和标准等要求的修改和优化等活动。

为规范设计变更管理,2011 年 9 月,安徽省水利厅联合省发展改革委出台了《安徽省水利工程设计变更管理意见》,按照分级管理、简化审批程序的原则,根据设计变更的内容以及影响,安徽省将设计变更分为重大、较大和一般设计变更。重大设计变更主要是指在工程任务、规模、标准、布置及主要建筑物设计方案、重要机电设备、重大技术问题处理方案等方面，对工程的安全、投资、效益、工期产生重大影响的设计变更，以及投资变化超过工程部分总投资10%的设计变更。较大设计变更是指除重大设计变更外，在工程分期规模、建筑物结构设计、机电金属结构设备配置、施工、附属工程等方面，对工程的安全、投资、效益、工期产生一定影响的设计变更，以及投资变化超过工程部分总投资的5%、不超过10%的设计变更。重大及较大设计变更以外的其他设计变更为一般设计变更。

各项工程要按照《安徽省水利工程设计变更管理意见》的要求，严格控制重大设计变更，减少较大设计变更，积极开展优化设计，正确处理好优化设计与设计变更的关系，尽量避免治理范围、标准、规模、堤线调整，以及主要建设内容、主要加固方案变化等重大设计变更。同时勘测设计单位应对照审查审批意见的要求，对设计报告进行必要的修改与优化完善，提倡积极开展设计优化。目前，大部分穿堤（坝）及跨河建筑物在初设阶段设计较粗，施工图阶段要根据实际地形及地质详勘资料对结构设计进行优化完善。

设计变更文件应按施工图阶段的设计深度进行编制。重大设计变更文件，由项目法人按原报审程序报原初步设计审批部门审批。较大设计变更由项目主管部门或委托项目法人审批。一般设计变更由项目法人负责审批。对在施工过程中不能停工，或不继续施工会造成安全事故或重大质量事故的，项目法人可以组织参建单位及专家现场确定处理方案，并经各参建单位签字同意后方可施工，项目法人应将有关情况在5个工作日内报告项目主管部门备案，同时尽快办理设计变更审批手续。

一、重大设计变更

重大设计变更主要是指在工程任务、规模、标准、布置及主要建筑物设计、重要机电金属结构设备、重大技术问题处理方案等方面改变，对工程的工期、安全、投资、效益产生重大影响的设计变更。

以下设计条件或内容发生变化，为重大设计变更。

（一）水文

引起工程规模及主要特征参数改变的水文、泥沙基本资料及其设计成果的变化。

（二）地质

（1）工程场地地震基本烈度和地震动参数的改变；

（2）影响主要建筑物安全或引起设计方案改变的工程地质条件及评价结论的变化；

（3）引起主要建筑物设计方案改变的天然建筑物材料质量、储量及主要料场场地的变化。

（三）工程任务、规模、建筑物等级及设计标准

（1）工程任务变化及主次顺序的调整。

（2）工程规模的较大改变：水库库容、特征水位的变化，引（供、排）水工程的范围、流量、关键节点控制水位的变化，电站或泵站装机容量、主要特征水位的变化，灌溉或治涝范围与面积的变化，河道及堤防工程治理范围、水位等的变化。

（3）工程等别、建筑物级别、洪水标准、泄洪排沙规模、治涝标准、荷载标准的变化。

（四）总体布局、工程布置及主要建筑物

（1）总体布局、主要建设内容、主要建筑物场址、坝线、堤线、骨干渠（管）线的变化（对

工程投资、工期、施工方案、建筑物型式以及相关的征地移民等影响较小的堤线、骨干渠(管)线变化,视为一般设计变更)。

(2)工程布置、主要建筑物型式的变化,对工程安全和投资影响较大的加固方案、内容的变化。

(3)主要水工建筑物基础处理、消能防冲方案的变化。

(4)主要水工建筑物边坡处理、地下洞室支护设计方案、主要技术方案的变化。

(五)机电及金属结构

(1)电站、水厂或泵站主要水力机械设备型式、数量的变化。

(2)水利枢纽、电(泵)站等接入电力系统方式、电气主接线和输配电方式及设备型式的变化。

(3)主要金属结构设备及布置方案的变化。

(六)工程投资

在不超过批复概算情况下,投资变化超过工程部分投资10%的设计变更(工程部分投资指批复概算第一至四部分投资及价差之和)。

二、主要设计变更

一般设计变更主要是指除重大设计变更外,在工程分期规模、建筑物结构设计、机电金属结构设备配置、施工、附属工程等方面,对工程的工期、安全、投资、效益影响较小的设计变更。一般设计变更又分为主要设计变更和次要设计变更。

以下设计条件或内容发生变化,为主要设计变更。

(一)地质

(1)不影响主要建筑物安全及设计方案改变的工程地质条件、指标及评价结论变化。

(2)不改变主要建筑物设计方案的料场条件变化。如对投资影响较大的土石料料源变化、天然骨料改为人工骨料或开挖料,砌石护坡改为混凝土护坡型式的变化等。

(二)工程规模、布置及建筑物

(1)工程总规模不变,分期实施规模或单机容量及台数调整。

(2)对工程投资、工期、安全等影响较小的堤线、渠(管)道、建筑物轴线的变化。

(3)非主要建筑物型式的变化。如堤防上规模较小的涵闸等穿堤建筑物的结构型式变化。

(4)在保证工程安全前提下,对地基处理范围、深度、桩基数量、消能防冲长度及范围的优化调整。

(三)施工组织设计

主体工程导流方式、施工围堰洪水标准、疏浚工程主要排泥场位置变化。

(四)工程投资

在不超过批复总概算情况下,投资变化超过工程部分投资的5%、不超过10%的设计变更。

三、设计变更文件编制

(一)设计变更的提出

根据建设过程中出现的勘察、设计等问题,施工单位、监理单位及项目法人等单位可以提出变更设计建议。项目法人应当对变更设计建议及理由进行评估,必要时可以组织勘察设计单位、施工单位、监理单位及有关专家对变更设计建议进行技术、经济论证。

(二)设计变更承担单位

工程勘察、设计文件的修改,应委托原勘察、设计单位进行。经原勘察、设计单位书面同意,项目法人也可以委托其他具有相应资质的勘察、设计单位进行修改。修改单位对修改的勘察、设计文件承担相应责任,设计单位经分析论证不同意采纳变更设计建议的,项目法人有权作出变更设计的决策,并承担相应责任。

(三)设计深度

设计变更文件编制的设计深度应当满足初步设计阶段的有关规程、规范要求,有条件的可按施工图设计阶段的设计深度进行编制。

(四)重大主要设计变更文件的主要内容

(1)工程概况;设计变更发生的缘由,设计变更的依据,设计变更的项目和内容,设计变更方案及技术经济比较,设计变更对工程规模、工程安全、生态环境、工程投资和效益等方面的影响分析,与设计变更相关的基础、试验资料及分析计算。

(2)设计变更的勘察设计图及原设计相应图纸。

(3)工程量、投资变化对照清单和分项概算文件。

次要设计变更文件的编制,项目法人可参照以上内容研究确定。

(五)设计变更审批与实施

(1)水利工程设计变更审批采用分级管理制度。重大设计变更文件,由项目法人按原报审程序报原初步设计审批部门或委托项目主管部门审批。一般设计变更中的主要设计变更,由项目主管部门审批,次要设计变更由项目法人负责审批。

(2)设计变更报告的审批工作应以不影响工程实施为原则,尽量缩短审批周期,一般应自收到设计变更审批申请之日起70个工作日内完成审批(含技术审查时间)。

(3)设计变更文件批准后由项目法人负责组织实施,未经审查批准的设计变更不得实施。设计变更增加的工程项目实施,按照招标投标法及相关法律法规的有关规定执行。

(六)特殊情况重大及主要设计变更的处理

(1)对需要进行紧急抢险的工程设计变更,项目法人可先组织进行紧急抢险处理,同时通报项目主管部门,按照本办法办理设计变更审批手续,并附相关的影像资料说明紧急抢险的情形。

(2)若工程在施工过程中不能停工,或不继续施工会造成安全事故或重大质量事故的,需经项目法人、监理单位同意并签字认可后方可施工,但项目法人应将情况在5个工作日内报告项目主管部门备案,同意按照本意见办理设计变更审批手续。

(七)设计变更的监督与管理

各级水行政主管部门应当加强对水利建设项目设计变更活动的监督管理。项目法人应当加强对水利建设项目设计变更的实施管理,坚持“事前控制、中间检查、事后把关”总体要求,认真履行变更报告的报批工作。参与工程建设的各有关单位应当加强项目管理,严格控制重大及主要设计变更。勘察、设计单位应正确处理好优化设计与设计变更的关系,积极开展优化设计,提高勘测设计水平和质量。

项目法人负责工程设计变更文件的归档工作。项目竣工验收时应当全面检查竣工项目是否符合批准的设计文件要求,未经批准的设计变更文件不得作为竣工验收的依据。

第九节　主要实施方案的编制

一、组织编制度汛方案

负责组织制订、上报在建工程度汛方案,落实安全度汛措施,并对在建工程安全度汛负责。

二、安全生产措施方案

依法批准开工报告的建设工程,应当自开工报告批准之日起 15 日内,将保证安全施工的措施报送建设工程所在地的县级以上地方人民政府建设行政主管部门或者其他有关部门备案。

应当将拆除工程发包给具有相应资质等级的施工单位。在拆除工程施工 15 日前,将下列资料报送建设工程所在地的县级以上地方人民政府建设行政主管部门或者其他有关部门备案:

(1)施工单位资质等级证明;

(2)拟拆除建筑物、构筑物及可能危及毗邻建筑物的说明;

(3)拆除施工组织方案;

(4)堆放、清除废弃物的措施。

三、资金管理方案

组织编制、审核、上报项目年度建设计划和建设资金申请,配合有关部门落实年度工程建设资金,按时完成年度建设任务和投资计划,严格按照概预算控制工程投资,用好、管好建设资金。

四、工程档案资料的管理

负责工程档案资料的管理,包括对各参建单位所形成档案资料的收集、整理、归档工作进行监督、检查。

第十一章 水利工程项目验收

依据《水利工程建设项目验收管理规定》(水利部令第30号)和《水利水电建设工程验收规程》(SL 223—2008)的规定,水利工程建设项目验收,按验收主持单位性质不同分为法人验收和政府验收两类。法人验收是指在项目建设过程中由项目法人组织进行的验收;政府验收是指由有关人民政府、水行政主管部门或者其他有关部门组织进行的验收,包括专项验收、阶段验收和竣工验收。法人验收应包括分部工程验收、单位工程验收、水电站(泵站)中间机组启动验收、合同工程完工验收等;政府验收应包括阶段验收、专项验收、竣工验收等。验收主持单位可根据工程建设需要增设验收类别和具体要求。专项验收包括:枢纽工程导(截)流、水库下闸蓄水等阶段验收,涉及移民安置的,应当完成相应的移民安置专项验收。工程竣工验收前,应当按照国家有关规定,进行环境保护、水土保持、移民安置以及工程档案等专项验收。经商有关部门同意,专项验收可以与竣工验收一并进行。

第一节 工程验收主要依据

水利工程建设项目验收的依据是:

(1)国家有关法律、法规、规章和技术标准;

(2)有关主管部门的规定;

(3)经批准的工程立项文件、初步设计文件、调整概算文件;

(4)经批准的设计文件及相应的工程变更文件;

(5)施工图纸及主要设备技术说明书等;

(6)法人验收还应当以施工合同为验收依据。

第二节 工程验收主要内容

(1)检查工程是否按照批准的设计进行建设;

(2)检查已完工程在设计、施工、设备制造安装等方面的质量及相关资料的收集、整理和归档情况;

(3)检查工程是否具备运行或进行下一阶段建设的条件;

(4)检查工程投资控制和资金使用情况;

(5)对验收遗留问题提出处理意见;

(6)对工程建设做出评价和结论。

第三节　工程验收的组织和主持单位

一、政府验收

依据《水利工程建设项目验收管理规定》(水利部令第30号)第十九条规定,阶段验收、竣工验收由竣工验收主持单位主持。竣工验收主持单位可以根据工作需要委托其他单位主持阶段验收。专项验收依照国家有关规定执行。

第二十条规定,国家重点水利工程建设项目,竣工验收主持单位依照国家有关规定确定。

除前款规定以外,在国家确定的重要江河、湖泊建设的流域控制性工程、流域重大骨干工程建设项目,竣工验收主持单位为水利部。

除前两款规定以外的其他水利工程建设项目,竣工验收主持单位按照以下原则确定:

(1)水利部或者流域管理机构负责初步设计审批的中央项目,竣工验收主持单位为水利部或者流域管理机构。

(2)水利部负责初步设计审批的地方项目,以中央投资为主的,竣工验收主持单位为水利部或者流域管理机构;以地方投资为主的,竣工验收主持单位为省级人民政府(或者其委托的单位)或者省级人民政府水行政主管部门(或者其委托的单位)。

(3)地方负责初步设计审批的项目,竣工验收主持单位为省级人民政府水行政主管部门(或者其委托的单位)。

竣工验收主持单位为水利部或者流域管理机构的,可以根据工程实际情况,会同省级人民政府或者有关部门共同主持。

竣工验收主持单位应当在工程开工报告的批准文件中明确。

参与工程建设的项目法人、监理、设计、施工单位均是政府验收的被验单位。

二、法人验收

法人验收由项目法人主持。验收工作组由项目法人、设计、施工、监理等单位的代表组成,必要时可以邀请工程运行管理单位等参建单位以外的代表及专家参加。

项目法人可以委托监理单位主持分部工程验收,有关委托权限应当在监理合同或者委托书中明确。

(1)分部工程验收应由项目法人(或委托监理单位)主持。验收工作组由项目法人、勘测、设计、监理、施工、主要设备制造(供应)商等单位的代表组成。运行管理单位可根据具体情况决定是否参加。大型工程分部工程验收工作组成员应具有中级及其以上技术职称或相应执业资格,其他工程的验收工作组成员应具有相应的专业知识或执业资格。参加分部工程验收的每个单位代表人数不宜超过2名。质量监督机构宜派代表列席大型枢纽工程主要建筑物的分部工程验收会议。

(2)单位工程验收应由项目法人主持。验收工作组由项目法人、勘测、设计、监理、施工、主要设备制造(供应)商、运行管理等单位的代表组成。必要时,可邀请上述单位以外的专家参加。单位工程验收工作组成员应具有中级及其以上技术职称或相应执业资格,每个单位代表人数不宜超过 3 名。质量和安全监督机构应派员列席验收会议。

(3)合同工程完工验收应由项目法人主持。验收工作组由项目法人以及与合同工程有关的勘测、设计、监理、施工、主要设备制造(供应)商等单位的代表组成。

三、验收委员会(工作组)

政府验收应由验收主持单位组织成立的验收委员会负责,法人验收应由项目法人组织成立的验收工作组负责。验收委员会(工作组)由有关单位代表和有关专家组成。验收的成果性文件是验收鉴定书,验收委员会(工作组)成员应在验收鉴定书上签字。对验收结论持有异议的,应将保留意见在验收鉴定书上明确记载并签字。

四、工程验收结论

工程验收结论应经 2/3 以上验收委员会(工作组)成员同意。

验收过程中发现的问题,其处理原则应由验收委员会(工作组)协商确定。主任委员(组长)对争议问题有裁决权。若 1/2 以上的委员(组员)不同意裁决意见时,法人验收应报请验收监督管理机关决定,政府验收应报请竣工验收主持单位决定。

五、其他规定

(1)工程项目中需要移交非水利行业管理的工程,验收工作宜同时参照相关行业主管部门的有关规定。

(2)当工程具备验收条件时,应及时组织验收。未经验收或验收不合格的工程,不得交付使用或进行后续工程施工。验收工作应相互衔接,不应重复进行。

(3)工程验收应在施工质量检验与评定的基础上,对工程质量提出明确结论意见。

第四节　验收资料制备

(1)验收资料制备由项目法人统一组织,有关单位应按要求及时完成并提交。项目法人应对提交的验收资料进行完整性、规范性检查。

(2)验收资料分为应提供的资料和需备查的资料。有关单位应保证其提交资料的真实性并承担相应责任。

(3)工程验收的图纸、资料和成果性文件应按竣工验收资料要求制备。除图纸外,验收资料的规格宜为国际标准 A4(210 mm × 297 mm)。文件正本应加盖单位印章且不得采用复印件。

第五节　工程验收监督管理

一、实行分级管理

(一)水利部负责全国水利工程建设项目验收的监督管理工作

水利部所属流域管理机构(以下简称流域管理机构)按照水利部授权,负责流域内水利工程建设项目验收的监督管理工作。

县级以上地方人民政府水行政主管部门按照规定权限负责本行政区域内水利工程建设项目验收的监督管理工作。

(二)法人验收监督管理机关应对工程的法人验收工作实施监督管理

由水行政主管部门或者流域管理机构组建项目法人的,该水行政主管部门或者流域管理机构是本工程的法人验收监督管理机关;由地方人民政府组建项目法人的,该地方人民政府水行政主管部门是本工程的法人验收监督管理机关。

二、工程验收监督管理方式

(1)工程验收监督管理方式包括现场检查、参加验收活动、对验收工作计划与验收成果性文件进行备案等。

(2)水行政主管部门、流域管理机构以及法人验收监督管理机关可根据工作需要到工程现场检查工程建设情况、验收工作开展情况以及对接到的举报进行调查处理等。

三、工程验收监督主要内容

(1)验收工作是否及时;

(2)验收条件是否具备;

(3)验收人员组成是否符合规定;

(4)验收程序是否规范;

(5)验收资料是否齐全;

(6)验收结论是否明确。

四、工程验收中存在问题的处理

当发现工程验收不符合有关规定时,验收监督管理机关应及时要求验收主持单位予以纠正,必要时可要求暂停验收或重新验收并同时报告竣工验收主持单位。

五、法人验收计划备案

(1)法人验收监督管理机关应对收到的验收备案文件进行检查,不符合有关规定的备案文件应要求有关单位进行修改、补充和完善。

(2)项目法人应在开工报告批准后60个工作日内,制订法人验收工作计划,报法人验收监督管理机关备案。当工程建设计划进行调整时,法人验收工作计划也应相应地进行调整并重新备案。

(3)法人验收过程中发现的技术性问题原则上应按合同约定进行处理。合同约定不明确的,按国家或行业技术标准规定处理。当国家或行业技术标准暂无规定时,由法人验收监督管理机关负责协调解决。

第十二章 法人负责的验收

第一节 分部工程验收

分部工程验收应由项目法人(或委托监理单位)主持。验收工作组由项目法人、勘测、设计、监理、施工、主要设备制造(供应)商等单位的代表组成。运行管理单位可根据具体情况决定是否参加。质量监督机构宜派代表列席大型枢纽工程主要建筑物的分部工程验收会议。大型工程分部工程验收工作组成员应具有中级及其以上技术职称或相应执业资格,其他工程的验收工作组成员应具有相应的专业知识或执业资格。参加分部工程验收的每个单位代表人数不宜超过2名。分部工程具备验收条件时,施工单位应向项目法人提交验收申请报告。项目法人应在收到验收申请报告之日起10个工作日内决定是否同意进行验收。

一、验收条件

验收应具备以下条件:

(1)所有单元工程已完成;

(2)已完单元工程施工质量经评定全部合格,有关质量缺陷已处理完毕或有监理机构批准的处理意见;

(3)合同约定的其他条件。

二、验收主要内容

(1)检查工程是否达到设计标准或合同约定标准的要求;

(2)评定工程施工质量等级;

(3)对验收中发现的问题提出处理意见。

三、验收程序

(1)听取施工单位工程建设和单元工程质量评定情况的汇报;

(2)现场检查工程完成情况和工程质量;

(3)检查单元工程质量评定及相关档案资料;

(4)讨论并通过分部工程验收鉴定书。

四、验收质量结论

(1)项目法人应在分部工程验收通过之日后10个工作日内,将验收质量结论和相关资料报质量监督机构核备。大型枢纽工程主要建筑物分部工程的验收质量结论应报质量监督机构核定。

(2)质量监督机构应在收到验收质量结论之日后20个工作日内,将核备(定)意见书面反馈给项目法人。

(3)当质量监督机构对验收质量结论有异议时,项目法人应组织参加验收单位进一步研究,并将研究意见报质量监督机构。当双方对质量结论仍然有分歧意见时,应报上一级质量监督机构协调解决。

五、验收遗留问题处理

分部工程验收遗留问题处理情况应有书面记录并有相关责任单位代表签字,书面记录应随分部工程验收鉴定书一并归档。

六、验收鉴定书

分部工程验收鉴定书正本数量可按参加验收单位、质量和安全监督机构各一份以及归档所需要的份数确定。自验收鉴定书通过之日起30个工作日内,由项目法人发送有关单位,并报送法人验收监督管理机关备案。

第二节　单位工程验收

单位工程验收应由项目法人主持。验收工作组由项目法人、勘测、设计、监理、施工、主要设备制造(供应)商、运行管理等单位的代表组成,必要时,可邀请上述单位以外的专家参加。单位工程验收工作组成员应具有中级及其以上技术职称或相应执业资格,每个单位代表人数不宜超过3名;单位工程完工并具备验收条件时,施工单位应向项目法人提出验收申请报告。项目法人应在收到验收申请报告之日起10个工作日内决定是否同意进行验收。项目法人组织单位工程验收时,应提前10个工作日通知质量和安全监督机构。主要建筑物单位工程验收应通知法人验收监督管理机关。法人验收监督管理机关可视情决定是否列席验收会议,质量和安全监督机构应派员列席验收会议。

一、验收条件

验收应具备以下条件:

(1)所有分部工程已完建并验收合格;

(2)分部工程验收遗留问题已处理完毕并通过验收,未处理的遗留问题不影响单位工程质量评定并有处理意见;

(3)合同约定的其他条件。

二、验收主要内容

(1)检查工程是否按批准的设计内容完成;

(2)评定工程施工质量等级;

(3)检查分部工程验收遗留问题处理情况及相关记录;

(4)对验收中发现的问题提出处理意见。

三、验收程序

(1)听取工程参建单位工程建设有关情况的汇报;
(2)现场检查工程完成情况和工程质量;
(3)检查分部工程验收有关文件及相关档案资料;
(4)讨论并通过单位工程验收鉴定书。

四、单位工程投入使用验收

需要提前投入使用的单位工程应进行单位工程投入使用验收。单位工程投入使用验收由项目法人主持,根据工程具体情况,经竣工验收主持单位同意,单位工程投入使用验收也可由竣工验收主持单位或其委托的单位主持。

单位工程投入使用验收除满足单位工程验收条件外,还应满足以下条件:

(1)工程投入使用后,不影响其他工程正常施工,且其他工程施工不影响该单位工程安全运行;

(2)已经初步具备运行管理条件,需移交运行管理单位的,项目法人与运行管理单位已签订提前使用协议书;

(3)单位工程投入使用验收还应对工程是否具备安全运行条件进行检查。

五、验收质量结论

(1)项目法人应在单位工程验收通过之日起 10 个工作日内,将验收质量结论和相关资料报质量监督机构核定。

(2)质量监督机构应在收到验收质量结论之日起 20 个工作日内,将核定意见反馈给项目法人。

(3)当质量监督机构对验收质量结论有异议时,项目法人应组织参加验收单位进一步研究,并将研究意见报质量监督机构。当双方对质量结论仍然有分歧意见时,应报上一级质量监督机构协调解决。

六、验收鉴定书

单位工程验收鉴定书正本数量可按参加验收单位、质量和安全监督机构、法人验收监督管理机关各一份以及归档所需要的份数确定。自验收鉴定书通过之日起 30 个工作日内,由项目法人发送有关单位并报法人验收监督管理机关备案。

第三节 外观质量评定

水利水电工程外观质量评定办法,按工程类型分为枢纽工程、堤防工程、引水(渠道)工程、其他工程 4 类。

外观质量评定表列出某些项目,如实际工程中无该项内容,应在相应检查、检测栏内用斜线"/"表示;工程有未列出的外观质量项目时,应根据工程情况和有关技术标准进行补充,其质量标准及标准分应由项目法人组织监理、设计、施工等单位确定后报质量监督机构核备。

一、枢纽工程外观质量评定方法

(1)项目法人应在主体工程开工初期,组织监理、设计、施工等单位,根据本工程特点(工程等级及使用情况等)和相关技术标准,提出各项目的质量标准,报质量监督机构确认。

(2)单位工程完工后,项目法人应组织监理、设计、施工及工程运行管理等单位组成工程外观质量评定组,现场进行工程外观质量检验评定,并将评定结论报工程质量监督机构核定。参加工程外观质量评定的人员应具有工程师以上技术职称或相应执业资格,评定组人数应不少于5人,大型工程不宜少于7人。

检查、检测项目经工程外观质量评定组全面检查后,抽测25%,且各项不少于10点。

各项目工程外观质量评定等级分为四级,各级得分见表12-1。

表12-1　外观质量评定等级与标准得分

评定等级	检测项目测点合格率(%)	各项评定得分
一级	100	该项标准分
二级	90.0~99.9	该项标准分×90%
三级	70.0~89.9	该项标准分×70%
四级	<70.0	0

(3)检查项目由工程外观质量评定组根据现场检查结果共同讨论决定其质量等级。

(4)外观质量评定表由工程外观质量评定组根据现场检查、检测结果填写。

(5)表尾由各单位参加外观质量评定的人员签名(施工单位1人,若本工程由分包单位施工,则分包单位、总包单位各派1人参加。项目法人、监理、设计各1~2人,工程管理运行单位1人)。

(6)工程外观质量评定结论由项目法人报工程质量监督机构核定。

二、其他工程外观质量评定

(1)水利水电工程中的永久性房屋(管理设施用房)、专用公路及专用铁路等工程外观质量评定,应执行相关行业规定。

(2)按水利水电工程中的房屋建筑工程外观质量评定表进行。

(3)房屋建筑工程,在单位工程完工后应按规定进行。

分部工程指发电厂房、变电站、水闸等单位工程中包括的房屋建筑分部工程,需评定外观质量,同时应在表中填写分部工程名称。

外观质量检查的内容多为定性判断项目,应由工程外观质量评定组人员共同通过观察、触摸(有时可通过简单量测),经商讨后给予评价。

房屋建筑工程的各专业施工质量验收规范中，对外观质量有具体检验要求，质量评价标准如下：

①好：指外观质量较优良。

②一般：指基本符合要求。

③差：指外观质量达不到要求，且存在明显缺陷者。评为“差”的项目应进行返修处理，在达到质量要求后再检查评定。

外观质量评定后，各单位参加工程外观质量评定组人员应在表尾签字。

第四节 水电站(泵站)中间机组启动验收(除首(末)台机组以外)

水电站(泵站)每台机组投入运行前，应进行机组启动验收。

中间机组启动验收应由项目法人组织的机组启动验收工作组负责。

机组启动验收前，项目法人应组织成立机组启动试运行工作组开展机组启动试运行工作。

启动试运行工作主要内容如下：

(1)审查批准施工单位编制的机组启动试运行试验文件和机组启动试运行操作规程等。

(2)检查机组及相应附属设备安装、调试、试验以及分部试运行情况，决定是否进行充水试验和空载试运行。

(3)检查机组充水试验和空载试运行情况。

(4)检查机组带主变压器与高压配电装置试验和并列及负荷试验情况，决定是否进行机组带负荷连续运行。

(5)检查机组带负荷连续运行情况。

(6)检查带负荷连续运行结束后消缺处理情况。

(7)审查施工单位编写的机组带负荷连续运行情况报告。

机组带负荷连续运行应符合以下要求：

(1)水电站机组带额定负荷连续运行时间为72 h；泵站机组带额定负荷连续运行时间为24 h或7 d内累计运行时间为48 h，包括机组无故障停机次数不少于3次。

(2)受水位或水量限制无法满足上述要求时，经过项目法人组织论证并提出专门报告报验收主持单位批准后，可适当降低机组启动运行负荷以及减少连续运行的时间。

中间机组启动验收可参照首(末)台机组启动验收的要求进行。

第五节 合同工程完工验收

合同工程完成后，应进行合同工程完工验收。当合同工程仅包含一个单位工程(分部工程)时，宜将单位工程(分部工程)验收与合同工程完工验收一并进行，但应同时满足相应的验收条件。合同工程完工验收应由项目法人主持。验收工作组由项目法人以及与合同工程有关的勘测、设计、监理、施工、主要设备制造(供应)商等单位的代表组成。合同工程具备验收条件时,施工单位应向项目法人提出验收申请报告。项目法人应在收到验收申请报告之日起20个工作日内决定是否同意进行验收。

一、完工验收条件

完工验收应具备以下条件:

(1)合同范围内的工程项目已按合同约定完成;

(2)工程已按规定进行了有关验收;

(3)观测仪器和设备已测得初始值及施工期各项观测值;

(4)工程质量缺陷已按要求进行处理;

(5)工程完工结算已完成;

(6)施工现场已经进行清理;

(7)需移交项目法人的档案资料已按要求整理完毕;

(8)合同约定的其他条件。

二、完工验收的主要内容

(1)检查合同范围内工程项目和工作完成情况;

(2)检查施工现场清理情况;

(3)检查已投入使用工程运行情况;

(4)检查验收资料整理情况;

(5)鉴定工程施工质量;

(6)检查工程完工结算情况;

(7)检查历次验收遗留问题的处理情况;

(8)对验收中发现的问题提出处理意见;

(9)确定合同工程完工日期;

(10)讨论并通过合同工程完工验收鉴定书。

三、验收程序

验收程序可参照单位工程验收规定进行。

四、验收鉴定书

合同工程完工验收鉴定书正本数量可按参加验收单位、质量和安全监督机构以及归档所需要的份数确定。自验收鉴定书通过之日起30个工作日内,由项目法人发送有关单位,并报送法人验收监督管理机关备案。

第十三章　政府负责的验收

第一节　阶段验收

一、一般规定

(一)阶段验收

阶段验收应包括枢纽工程导(截)流验收、水库下闸蓄水验收、引(调)排水工程通水验收、水电站(泵站)首(末)台机组启动验收、部分工程投入使用验收以及竣工验收主持单位根据工程建设需要增加的其他验收。

阶段验收应由竣工验收主持单位或其委托的单位主持。阶段验收委员会由验收主持单位、质量和安全监督机构、运行管理单位的代表以及有关专家组成;必要时,可邀请地方人民政府以及有关部门参加。工程参建单位应派代表参加阶段验收,并作为被验收单位在验收鉴定书上签字。

工程建设具备阶段验收条件时,项目法人应向竣工验收主持单位提出阶段验收申请报告。竣工验收主持单位应自收到申请报告之日起 20 个工作日内决定是否同意进行阶段验收。

阶段验收应包括以下主要内容:

(1)检查已完工程的形象面貌和工程质量;

(2)检查在建工程的建设情况;

(3)检查后续工程的计划安排和主要技术措施落实情况,以及是否具备施工条件;

(4)检查拟投入使用工程是否具备运行条件;

(5)检查历次验收遗留问题的处理情况;

(6)鉴定已完工程施工质量;

(7)对验收中发现的问题提出处理意见;

(8)讨论并通过阶段验收鉴定书。

(二)技术预验收

大型工程在阶段验收前,验收主持单位根据工程建设需要,可成立专家组先进行技术预验收。

(三)阶段验收鉴定书

阶段验收鉴定书数量按参加验收单位、法人验收监督管理机关、质量和安全监督机构各 1 份以及归档所需要的份数确定。自验收鉴定书通过之日起 30 个工作日内,由验收主持单位发送有关单位。

二、枢纽工程导(截)流验收

枢纽工程导(截)流前,应进行导(截)流验收。

(一)验收条件

枢纽工程导(截)流验收应具备以下条件:

(1)导流工程已基本完成,具备过流条件,投入使用(包括采取措施后)不影响其他未完工程继续施工;

(2)满足截流要求的水下隐蔽工程已完成;

(3)截流设计已获批准,截流方案已编制完成,并做好各项准备工作;

(4)工程度汛方案已经有管辖权的防汛指挥部门批准,相关措施已落实;

(5)截流后壅高水位以下的移民搬迁安置和库底清理已完成并通过验收;

(6)有航运功能的河道,碍航问题已得到解决。

(二)验收主要内容

(1)检查已完工水下工程、隐蔽工程、导(截)流工程是否满足导(截)流要求;

(2)检查建设征地、移民搬迁安置和库底清理完成情况;

(3)审查导(截)流方案,检查导(截)流措施和准备工作落实情况;

(4)检查为解决碍航等问题而采取的工程措施落实情况;

(5)鉴定与截流有关已完工程施工质量;

(6)对验收中发现的问题提出处理意见;

(7)讨论并通过阶段验收鉴定书。

工程分期导(截)流时,应分期进行导(截)流验收。

三、水库下闸蓄水验收

水库下闸蓄水前,应进行下闸蓄水验收。

(一)验收条件

水库下闸蓄水验收应具备以下条件:

(1)挡水建筑物的形象面貌满足蓄水位的要求;

(2)蓄水淹没范围内的移民搬迁安置和库底清理已完成并通过验收;

(3)蓄水后需要投入使用的泄水建筑物已基本完成,具备过流条件;

(4)有关观测仪器、设备已按设计要求安装和调试,并已测得初始值和施工期观测值;

(5)蓄水后未完工程的建设计划和施工措施已落实;

(6)蓄水安全鉴定报告已提交;

(7)蓄水后可能影响工程安全运行的问题已处理,有关重大技术问题已有结论;

(8)蓄水计划、导流洞封堵方案等已编制完成,并做好各项准备工作;

(9)年度度汛方案(包括调度运用方案)已经有管辖权的防汛指挥部门批准,相关措施已落实。

（二）验收主要内容

（1）检查已完工程是否满足蓄水要求；

（2）检查建设征地、移民搬迁安置和库区清理完成情况；

（3）检查近坝库岸处理情况；

（4）检查蓄水准备工作落实情况；

（5）鉴定与蓄水有关的已完工程施工质量；

（6）对验收中发现的问题提出处理意见；

（7）讨论并通过阶段验收鉴定书。

工程分期蓄水时，宜分期进行下闸蓄水验收。

拦河水闸工程可根据工程规模、重要性，由竣工验收主持单位决定是否组织蓄水（挡水）验收。

四、引（调）排水工程通水验收

引（调）排水工程通水前，应进行通水验收。

（一）验收条件

引（调）排水工程通水验收应具备以下条件：

（1）引（调）排水建筑物的形象面貌满足通水的要求；

（2）通水后未完工程的建设计划和施工措施已落实；

（3）引（调）排水位以下的移民搬迁安置和障碍物清理已完成并通过验收；

（4）引（调）排水的调度运用方案已编制完成；度汛方案已得到有管辖权的防汛指挥部门批准，相关措施已落实。

（二）验收主要内容

（1）检查已完工程是否满足通水的要求；

（2）检查建设征地、移民搬迁安置和清障完成情况；

（3）检查通水准备工作落实情况；

（4）鉴定与通水有关的工程施工质量；

（5）对验收中发现的问题提出处理意见；

（6）讨论并通过阶段验收鉴定书。

工程分期（或分段）通水时，应分期（或分段）进行通水验收。

五、水电站（泵站）机组启动验收

水电站（泵站）每台机组投入运行前，应进行机组启动验收。首（末）台机组启动验收应由竣工验收主持单位或其委托单位组织的机组启动验收委员会负责。验收委员会（工作组）应有所在地区电力部门的代表参加。根据机组规模情况，竣工验收主持单位也可委托项目法人主持首（末）台机组启动验收。机组启动验收前，项目法人应组织成立机组启动试运行工作组开展机组启动试运行工作。首（末）台机组启动试运行前，项目法人应将试运行工作安排好，报验收主持单位备案，必要时，验收主持单位可派专家到现场收集有关资料，指导项目法人进行机组启动试运行工作。

(一)机组启动试运行工作组主要工作内容

(1)审查批准施工单位编制的机组启动试运行试验文件和机组启动试运行操作规程等;

(2)检查机组及相应附属设备安装、调试、试验以及分部试运行情况,决定是否进行充水试验和空载试运行;

(3)检查机组充水试验和空载试运行情况;

(4)检查机组带主变压器与高压配电装置试验和并列及负荷试验情况,决定是否进行机组带负荷连续运行;

(5)检查机组带负荷连续运行情况;

(6)检查带负荷连续运行结束后消缺处理情况;

(7)审查施工单位编写的机组带负荷连续运行情况报告。

(二)机组带负荷连续运行的要求

(1)水电站机组带额定负荷连续运行时间为 72 h;泵站机组带额定负荷连续运行时间为 24 h 或 7 d 内累计运行时间为 48 h,包括机组无故障停机次数不少于 3 次。

(2)受水位或水量限制无法满足上述要求时,经过项目法人组织论证并提出专门报告报验收主持单位批准后,可适当降低机组启动运行负荷以及减少连续运行的时间。

(三)技术预验收条件

首(末)台机组启动验收前,验收主持单位应组织进行技术预验收,技术预验收应在机组启动试运行完成后进行。

技术预验收应具备以下条件:

(1)与机组启动运行有关的建筑物基本完成,满足机组启动运行要求;

(2)与机组启动运行有关的金属结构及启闭设备安装完成,并经过调试合格,可满足机组启动运行要求;

(3)过水建筑物已具备过水条件,满足机组启动运行要求;

(4)压力容器、压力管道以及消防系统等已通过有关主管部门的检测或验收;

(5)机组、附属设备以及油、水、气等辅助设备安装完成,经调试合格并经分部试运转,满足机组启动运行要求;

(6)必要的输配电设备安装调试完成,并通过电力部门组织的安全性评价或验收,送(供)电准备工作已就绪,通信系统满足机组启动运行要求;

(7)机组启动运行的测量、监测、控制和保护等电气设备已安装完成并调试合格;

(8)有关机组启动运行的安全防护措施已落实,并准备就绪;

(9)按设计要求配备的仪器、仪表、工具及其他机电设备已能满足机组启动运行的需要;

(10)机组启动运行操作规程已编制,并得到批准;

(11)水库水位控制与发电水位调度计划已编制完成,并得到相关部门的批准;

(12)运行管理人员的配备可满足机组启动运行的要求;

(13)水位和引水量满足机组启动运行最低要求;

(14)机组按要求完成带负荷连续运行。

(四)技术预验收主要内容

(1)听取有关建设、设计、监理、施工和试运行情况报告;

(2)检查评价机组及其辅助设备质量、有关工程施工安装质量,检查试运行情况和消缺处理情况;

(3)对验收中发现的问题提出处理意见;

(4)讨论形成机组启动技术预验收工作报告。

(五)首(末)台机组启动验收条件

(1)技术预验收工作报告已提交;

(2)技术预验收工作报告中提出的遗留问题已处理。

(六)首(末)台机组启动验收主要内容

(1)听取工程建设管理报告和技术预验收工作报告;

(2)检查机组和有关工程施工与设备安装及运行情况;

(3)鉴定工程施工质量;

(4)讨论并通过机组启动验收鉴定书。

机组启动验收鉴定书是机组交接和投入使用运行的依据。

六、部分工程投入使用验收

项目施工工期因故拖延,并预期完成计划不确定的工程项目,部分已完成工程需要投入使用的,应进行部分工程投入使用验收。在部分工程投入使用验收申请报告中,应包含项目施工工期拖延的原因、预期完成计划的有关情况和部分已完成工程提前投入使用的理由等内容。

(一)验收条件

部分工程投入使用验收应具备以下条件:

(1)拟投入使用工程已按批准设计文件规定的内容完成并已通过相应的法人验收;

(2)拟投入使用工程已具备运行管理条件;

(3)工程投入使用后,不影响其他工程正常施工,且其他工程施工不影响部分工程安全运行(包括采取防护措施);

(4)项目法人与运行管理单位已签订部分工程提前使用协议;

(5)工程调度运行方案已编制完成,度汛方案已经有管辖权的防汛指挥部门批准,相关措施已落实。

(二)验收主要内容

(1)检查拟投入使用工程是否已按批准设计完成;

(2)检查工程是否已具备正常运行条件;

(3)鉴定工程施工质量;

(4)检查工程的调度运用、度汛方案落实情况;

(5)对验收中发现的问题提出处理意见;

(6)讨论并通过部分工程投入使用验收鉴定书。

部分工程投入使用验收鉴定书是部分工程投入使用运行的依据,也是施工单位向项目法人交接和项目法人向运行管理单位移交的依据。

提前投入使用的部分工程如有单独的初步设计,可组织进行单项工程竣工验收。

第二节　专项验收

工程竣工验收前,应按有关规定进行专项验收。专项验收主持单位应按国家和相关行业的有关规定确定;项目法人应按国家和相关行业主管部门的规定,向有关部门提出专项验收申请报告,并做好有关准备和配合工作;专项验收应具备的条件、验收主要内容、验收程序以及验收成果性文件的具体要求等应执行国家及相关行业主管部门有关规定;专项验收成果性文件应是工程竣工验收成果性文件的组成部分。项目法人提交竣工验收申请报告时,应附相关专项验收成果性文件复印件。

一、消防验收

(一)验收依据

建筑工程消防验收依据现行有效消防技术规范、标准、建筑工程消防设计审核意见书及项目相关批准文件组织实施。

(二)验收组织机构

(1)建筑工程消防验收工作由公安消防机构组织实施,建设、设计、施工、监理等相关单位参加。

(2)各级公安消防机构应当成立建筑工程消防验收小组,验收小组应当由具有一定专业知识的防火监督检查、消防产品质量监督、灭火战训和建筑工程消防监督审核等部门的专业技术人员组成,并可根据建筑实际情况聘请设计、施工、监理等方面技术专家参加。各级公安消防机构应明确相应科室或专(兼)职人员负责建筑工程消防验收工作,从事建筑工程消防验收直接经办人员应当持有《建筑工程消防监督审核资格证书》。

(3)建筑工程消防验收资料必须由窗口受理,现场消防验收人员不得少于两人。验收小组成员中应有防火监督检查、消防产品质量监督、灭火战训和建筑工程消防监督审核等专业人员参加。

(三)验收方式

建筑工程消防验收按照资料审查、现场核查和功能测试、综合评定的方式进行。

(四)验收内容

建筑工程消防验收资料应当审查以下内容:

(1)建筑工程消防设计审核情况;

(2)建筑工程消防验收申报资料、相关部门批准文件、消防设计变更情况等;

(3)建筑消防设施技术测试报告;

(4)消防产品市场准入证明和质量合格证明文件、建筑内部装修材料燃烧性能证明材料;

(5)其他需要审查的内容,如供水、供电情况证明、隐蔽工程记录等。

（五）现场核查和功能测试

建筑工程消防验收现场核查和功能测试应当按照消防技术规范、标准和消防设计许可文件，对建筑防火、消防设施等外观质量进行现场检查；通过专业仪器设备对涉及距离、宽度、长度、面积和时间等可测量的指标进行现场测量；对消防设施的功能进行现场测试；通过专业仪器、器具对消防产品进行现场判定。

（六）验收记录

建筑工程消防验收应当如实填写《建筑工程消防验收记录表》，所有参与验收的人员均应在验收记录上签字，分专业验收的在相应专业记录上签字确认，验收记录应当存档，严禁私自更改验收记录。消防产品现场判定应当根据《消防产品现场检查判定规则》（GA 588—2005）要求填写《消防产品监督检查记录》，《消防产品监督检查记录》应当与验收档案一并归档备查。

（七）局部消防验收

建筑工程竣工后，具备下列条件的，可组织局部消防验收：

（1）申请验收部分的消防设施、消防给水、消防车道、防火间距、消防登高面、消防供电等符合有关消防设计规范、标准及设计许可文件的要求。

（2）申请验收部分具有相对独立的疏散设施或设有有效的分隔措施，与非使用区域实现完整的防火分隔。

（3）申请验收部分具备投入使用功能，且非使用区域不影响该部分各类消防设施的正常使用功能。

（4）应建立完善的消防安全管理制度。

主体建筑实施消防验收时，应当对已实施局部消防验收部分的消防设施功能进行现场测试。

（八）简易消防验收

符合下列条件的建筑工程，可实施简易消防验收：

（1）按规范要求不需要设置自动消防设施的公共建筑；

（2）每层最大建筑面积不超过 200 m^2 的 3 层及 3 层以下（不含地下层）的普通公共建筑；

（3）7 层及 7 层以下纯住宅楼；

（4）建筑高度在 24 m 以下，建筑面积在 2 000 m^2 以下的丁、戊类厂（库）房；

（5）建筑高度在 24 m 以下，装修面积在 500 m^2 以下，且未改变原建筑平面布局、功能用途和消防设施的办公用房、宾馆客房、医院病房等的内部装修工程；

（6）门面装修、广告牌设置、室外给水管网布置等。

简易验收应当填写《简易工程消防验收记录表》，存档备查。

（九）验收评定

建筑工程消防验收评定，应当根据资料审查、现场抽样性检查和功能测试的结果，按照主控项目、一般项目、综合评定的程序进行。主控项目全部合格，一般项目合并计算，80% 以上合格时，消防验收综合评定为“合格”，否则评定为“不合格”。

(十)复验

经验收不合格的工程项目申报复验时,应当按照本规程规定组织复验,核查上次验收存在问题的整改情况,现场测试自动消防设施功能,填写《建筑工程消防验收复验记录表》。

复验收工程项目如有下列情况之一的,应当按照本规程规定组织复验,填写《建筑工程消防验收记录表》:

(1)复验时建筑性质、使用功能或结构变更的;

(2)验收不合格项目抽查数量低于本规程规定,存在漏项、缺项验收的;

(3)其他需要重新组织验收的。

(十一)验收意见

消防验收意见由直接经办人员制作,验收意见应当载明验收过程中发现的全部问题,并分别办理网上和纸质审批程序,严禁擅自漏写、少写验收过程中发现的问题。验收意见签发前应当经过法制审核。

二、水土保持验收

水土保持设施的验收包括项目法人开展的自查初验和审批水土保持方案报告书的水行政主管部门主持的水土保持设施行政验收两个方面。

验收的依据主要有:水土保持相关法律法规,有关技术标准,有关政府批件、水土保持方案及其设计文件、相关合同等。

建设项目的土建工程完工后、主体工程竣工验收前,项目法人应当向行政验收主持单位申请水土保持设施行政验收。分期建设、分期投入生产或者使用的建设项目,其相应的水土保持设施应按照本规程进行分期验收。

(一)自查初验

(1)建设项目水土保持设施的分部工程和单位工程完工时,建设单位或其委托的监理单位应及时组织参建单位开展自查初验工作,进行质量控制和过程管理。

(2)自查初验应当依据《水土保持工程质量评定规程》(SL 336—2006)开展。

(3)项目法人对水土保持设施档案资料的真实性、完整性和规范性负责,并满足档案管理的有关要求,重要档案资料应长期保存。需要归入档案的资料主要有:有关水土保持文件、工程建设过程中的主要技术成果、水土保持设施建设的有关资料、其他相关资料等。

(4)项目法人在行政验收前,应当依据各单位工程试运行及自查初验的情况,编写水土保持方案实施工作总结报告和水土保持设施竣工验收技术报告。

(二)技术评估

技术评估机构应当依据相关水土保持技术标准和批复的水土保持方案及其设计文件,组织水土保持、水工、植物、资源环境、经济及主体工程等方面的专家,对水土保持方案落实情况、水土保持措施及投资、水土流失防治工作及防治效果等方面进行评估,提交技术评估报告。

1. 开展技术评估的条件

开展技术评估应具备下列条件:

(1)各项水土保持设施按批准的方案及其设计文件建成,防治目标基本实现;

(2)水土保持设施投资的竣工结算已经完成,运行管理单位明确,后续管护和运行资金有保证;

(3)建设单位完成自查初验,水土保持工程达到合格以上标准,并有质量监督结论;

(4)遗留问题和需处理的质量缺陷已有处理方案,尾工已有安排;

(5)编制完成水土保持方案实施工作总结报告、水土保持设施竣工验收技术报告、水土保持监理总结报告、水土保持监测总结报告、水土保持设计总结报告、水土保持工程质量评定报告、水土保持工程施工总结报告等;

(6)水土保持设施的设计变更已经批复或备案,水土保持档案资料完整。

2. 技术评估内容

技术评估主要包括以下工作:

(1)评价项目法人对水土流失防治工作的组织管理;

(2)评价水土保持方案后续设计及实施情况;

(3)评价施工单位制定和遵守相关水土保持工作管理制度的情况,调查施工过程中采取的水土保持临时防护措施的种类、数量和防治效果;

(4)抽查核实水土保持设施的数量,对重要单位工程进行核实和评价,检查评价其施工质量,检查工程存在的质量缺陷是否影响工程使用寿命和安全运行,评价水土保持监理、监测工作;

(5)判别建设项目的扰动土地整治率、水土流失总治理度、土壤流失控制比、拦渣率、林草植被恢复率、林草覆盖率等指标是否满足建设项目水土流失防治标准,分析能否达到批复同意的水土流失防治目标;

(6)检查水土流失防治效果与生态环境恢复和改善情况,调查施工过程中水土流失防治效果,分析评价水土保持设施试运行的效果及水土保持设施运行管理维护责任落实情况;

(7)根据水土保持质量监督部门或监理单位的工程质量评定报告或评价鉴定意见,评估工程质量等级或质量情况;

(8)分析评价水土保持投资完成情况;

(9)开展公众调查,了解当地群众对建设项目水土保持工作的满意程度,总结成功经验和不足之处;

(10)提出行政验收前、后需要解决的主要问题。

3. 技术评估程序

(1)熟悉项目基本情况并进行现场巡查,拟定技术评估的工作方案;

(2)走访当地居民和水行政主管部门,收集督查相关资料等,调查施工期间水土流失危害情况、防治情况和防治效果;

(3)组织不同专业的专家进行现场查勘与技术评估;

(4)讨论并草拟总体评估意见,提出行政验收前需解决的主要问题并督促落实;

(5)征求当地水行政主管部门及建设单位的意见;

(6)核实行政验收前需解决主要问题的落实情况,完成技术评估报告。

4. 通过技术评估的条件

满足下列条件时,方可通过技术评估:

(1)建设项目水土保持方案审批手续完备,水土保持工程设计、施工、监理、质量评定、监测、财务支出的相关文件报告等资料齐全;

(2)水土保持设施按批准的水土保持方案及其设计文件建成,全部单位工程自查初验合格,符合主体工程和水土保持的要求;

(3)建设项目的扰动土地整治率、水土流失总治理度、土壤流失控制比、拦渣率、林草植被恢复率、林草覆盖率等指标满足建设项目水土流失防治标准,达到批复水土保持方案的防治目标;

(4)水土保持投资使用符合审批要求,管理制度健全;

(5)水土保持设施的后续管理、维护措施已落实,具备正常运行条件,且能持续、安全、有效运转,符合交付使用要求。

(三)行政验收

1. 行政验收条件

(1)开发建设项目水土保持方案审批手续完备,水土保持工程设计、施工、监理、财务支出、水土流失监测报告等资料齐全;

(2)水土保持设施按批准的水土保持方案报告书和设计文件的要求建成,符合主体工程和水土保持的要求;

(3)水土流失总治理度、拦渣率、林草植被恢复率、土壤流失控制比等指标达到了批准的水土保持方案和批复文件的要求及国家和地方的有关技术标准;

(4)水土保持设施具备正常运行条件,且能持续、安全、有效运转,符合交付使用要求,水土保持设施的管理、维护措施落实。

2. 行政验收主要内容

(1)检查水土保持设施是否符合批复的水土保持方案及其设计文件的要求;

(2)检查水土保持设施施工质量和管理维护责任落实情况;

(3)检查水土保持投资完成情况;

(4)评价水土流失防治效果;

(5)对存在问题提出处理意见。

3. 行政验收的形式与要求

(1)行政验收时应成立验收组,验收组设组长1名(由验收主持单位的代表担任),副组长1~3名。验收组一般由水行政主管部门、有关行业行政主管部门,相关工程质量监督单位、建设单位的上级主管部门、建设项目的主要投资方、技术评估等单位的代表组成。行政验收由验收组长主持。

(2)行政验收合格意见必须经2/3以上验收组成员同意。行政验收过程中有争议的问题,验收组长应提出裁决意见,若有1/2以上的验收组成员不同意裁决意见时,验收主持单位对争议问题有裁决权。

(3)验收组成员必须在"水土保持设施专项验收意见"上签字,保留意见应有明确记载。

(4)建设、设计、施工、监理、监测、运行管理单位等列席行政验收会议,负责解答验收组的质疑,并在验收会议代表名单上签字。

4. 行政验收主要程序

(1)审查项目法人提交的验收申请材料,受理验收申请。

(2)听取技术评估机构的技术评估汇报,确定行政验收时间。

(3)召开预备会议,听取项目法人有关验收准备情况汇报,确定验收组成员名单。

(4)现场检查水土保持设施及其运行情况。从水土保持设施竣工图中抽取重点工程和重点部位,现场查勘不同防治区和主要防治措施的质量、数量、防治效果、生态与环境状况等。

(5)查阅有关资料。

(6)召开验收会议,主要程序为:①宣布验收会议议程;②宣布验收组成员名单;③观看工程声像资料;④听取建设单位的"工作总结报告"和"技术报告";⑤听取施工单位"施工总结报告";⑥听取监理单位"监理总结报告";⑦听取监测单位"监测总结报告";⑧听取技术评估单位"评估报告";⑨会议质询;⑩验收组讨论并形成"水土保持设施专项验收意见",落实遗留问题处理责任及核查单位;⑪宣布水土保持设施"验收意见";⑫验收组成员在"验收意见"上签字。

5. 行政验收评价标准

行政验收评价标准主要包括下列内容:

(1)建设项目水土保持方案审批手续完备,水土保持工程管理、设计、施工、监理、监测、专项财务等建档资料齐全;

(2)水土保持设施按批准的水土保持方案及其设计文件的要求建成,符合水土保持的要求;

(3)扰动土地整治率、水土流失总治理度、土壤流失控制比、拦渣率、林草植被恢复率、林草覆盖率等指标达到了批准的水土保持方案的要求及国家和地方的有关技术标准;

(4)水土保持设施具备正常运行条件,且能持续、安全、有效运转,符合交付使用要求,且水土保持设施的管理、维护措施已得到落实。

同时符合以上四项标准,即可通过水土保持设施行政验收。

6. 其他规定

(1)如果在验收过程中发现重大问题,验收组可停止验收,待处理完毕后再组织验收。

(2)验收合格的项目,验收主持单位负责印发验收合格的批复文件,作为建设项目竣工验收的重要依据之一。

(3)行政验收中发现的遗留问题,由项目法人负责整改,并由水行政主管部门监督实施。

(4)验收意见应准确反映工程建设的实际情况,达到合格及以上标准的水土保持设施的质量结论应当确定为合格。项目法人和工程参建单位可依据有关评定标准,自主决定参加有关建设项目水土保持示范工程等奖励或荣誉证书的申报。

(5)对通过验收的建设项目,项目法人在收到验收合格的批复文件后,还应注重水土保持设施的管护和修复工作,确保水土保持设施的安全运行。

三、环境保护验收

(一)验收主管部门

国务院环境保护行政主管部门负责制定建设项目竣工环境保护验收管理规范,指导并监督地方人民政府环境保护行政主管部门的建设项目竣工环境保护验收工作,并负责对其审批的环境影响报告书(表)或者环境影响登记表的建设项目竣工环境保护验收工作。

县级以上地方人民政府环境保护行政主管部门按照环境影响报告书(表)或环境影响登记表的审批权限负责建设项目竣工环境保护验收。

(二)验收范围

(1)与建设项目有关的各项环境保护设施,包括为防治污染和保护环境所建成或配备的工程、设备、装置和监测手段,各项生态保护设施;

(2)环境影响报告书(表)或者环境影响登记表和有关项目设计文件规定应采取的其他各项环境保护措施。

(三)验收条件

(1)建设前期环境保护审查、审批手续完备,技术资料与环境保护档案资料齐全;

(2)环境保护设施及其他措施等已按批准的环境影响报告书(表)或者环境影响登记表和设计文件的要求建成或者落实,环境保护设施经负荷试车检测合格,其防治污染能力适应主体工程的需要;

(3)环境保护设施安装质量符合国家和有关部门颁发的专业工程验收规范、规程和检验评定标准;

(4)具备环境保护设施正常运转的条件,包括:经培训合格的操作人员、健全的岗位操作规程及相应的规章制度,原料、动力供应落实,符合交付使用的其他要求;

(5)污染物排放符合环境影响报告书(表)或者环境影响登记表和设计文件中提出的标准及核定的污染物排放总量控制指标的要求;

(6)各项生态保护措施按环境影响报告书(表)规定的要求落实,建设项目建设过程中受到破坏并可恢复的环境已按规定采取了恢复措施;

(7)环境监测项目、点位、机构设置及人员配备,符合环境影响报告书(表)和有关规定的要求;

(8)环境影响报告书(表)提出需对环境保护敏感点进行环境影响验证,对清洁生产进行指标考核,对施工期环境保护措施落实情况进行工程环境监理的,已按规定要求完成;

(9)环境影响报告书(表)要求项目法人采取措施削减其他设施污染物排放,或要求建设项目所在地地方政府或者有关部门采取“区域削减”措施满足污染物排放总量控制要求的,其相应措施得到落实。

(四)验收材料

(1)对编制环境影响报告书的建设项目,为建设项目竣工环境保护验收申请报告,并

附环境保护验收监测报告或调查报告;

(2)对编制环境影响报告表的建设项目,为建设项目竣工环境保护验收申请表,并附环境保护验收监测表或调查表;

(3)对填报环境影响登记表的建设项目,为建设项目竣工环境保护验收登记卡。

建设项目竣工环境保护申请报告、申请表、登记卡以及环境保护验收监测报告(表)、环境保护验收调查报告(表)的内容和格式,由国务院环境保护行政主管部门统一规定。

(五)验收组(或验收委员会)

环境保护行政主管部门在进行建设项目竣工环境保护验收时,应组织建设项目所在地的环境保护行政主管部门和行业主管部门等成立验收组(或验收委员会)。验收组(或验收委员会)应对建设项目的环境保护设施及其他环境保护措施进行现场检查和审议,提出验收意见。建设项目的项目法人、设计单位、施工单位、环境影响报告书(表)编制单位、环境保护验收监测(调查)报告(表)的编制单位应当参与验收。

(六)环境保护与验收公告制度

国家对建设项目竣工环境保护验收实行公告制度。环境保护行政主管部门应当定期向社会公告建设项目竣工环境保护验收结果。

四、档案验收

(一)验收依据

水利部《水利工程建设项目档案管理规定》(水办[2005]480号)和国家档案局、国家发展改革委联合印发的《重大建设项目档案验收办法》(档发[2006]2号)。

(二)量化赋分

档案验收根据《水利工程建设项目档案验收评分标准》(以下简称《评分标准》)对项目档案管理及档案质量进行量化赋分,满分为100分。验收结果分为3个等级:总分达到或超过90分的,为优良;达到70~89.9分的,为合格;达不到70分或"应归档文件材料质量与移交归档"项达不到60分的,均为不合格。

(三)验收条件

(1)项目主体工程、辅助工程和公用设施,已按批准的设计文件要求建成,各项指标已达到设计能力并满足一定运行条件。

(2)项目法人与各参建单位已基本完成应归档文件材料的收集、整理、归档与移交工作。

(3)监理单位对主要施工单位提交的工程档案的整理与内在质量进行了审核,认为已达到验收标准,并提交了专项审核报告。

(4)项目法人基本实现了对项目档案的集中统一管理,且按要求完成了自检工作,并达到《评分标准》规定的合格以上分数。

(四)验收申请原则

主持单位是水利部的,应按归口管理关系通过流域机构或省级水行政主管部门申请;主持单位是流域机构的,直属项目可直接申请,地方项目应经省级水行政主管部门申请;主持单位是省级水行政主管部门的,可直接申请。

(五)验收申请内容

(1)档案验收申请应包括项目法人开展档案自检工作的情况说明、自检得分数、自检结论等内容,并将项目法人的档案自检工作报告和监理单位专项审核报告附后。

(2)档案自检工作报告的主要内容:工程概况,工程档案管理情况,文件材料收集、整理、归档与保管情况,竣工图编制与整理情况,档案自检工作的组织情况,对自检或以往阶段验收发现问题的整改情况,按《评分标准》自检得分与扣分情况,目前仍存在的问题,对工程档案完整、准确、系统性的自我评价等内容。

(3)专项审核报告的主要内容:监理单位履行审核责任的组织情况,对监理和施工单位提交的项目档案审核、把关情况,审核档案的范围、数量,审核中发现的主要问题与整改情况,对档案内容与整理质量的综合评价,目前仍存在的问题,审核结果等内容。

(六)验收组织

(1)档案验收由项目竣工验收主持单位的档案业务主管部门负责组织。

(2)档案验收的组织单位,应对申请验收单位报送的材料进行认真审核,并根据项目建设规模及档案收集、整理的实际情况,决定先进行预验收或直接进行验收。对预验收合格或直接进行验收的项目,应在收到验收申请后的40个工作日内组织验收。

(3)对需进行预验收的项目,可由档案验收组织单位组织,也可由其委托流域机构或地方水行政主管部门组织(应有正式委托函)。被委托单位应在受委托的20个工作日内,按本办法要求组织预验收,并将预验收意见上报验收委托单位,同时抄送申请验收单位。

(4)档案验收的组织单位应会同国家或地方档案行政管理部门成立档案验收组进行验收。验收组成员,一般应包括档案验收组织单位的档案部门、国家或地方档案行政管理部门、有关流域机构和地方水行政主管部门的代表及有关专家。

(5)档案验收应形成验收意见。验收意见须经验收组2/3以上成员同意,并履行签字手续,注明单位、职务、专业技术职称。验收成员对验收意见有异议的,可在验收意见中注明个人意见并签字确认。验收意见应由档案验收组织单位印发给申请验收单位,并报国家或省级档案行政管理部门备案。

(七)验收程序

(1)档案验收通过召开验收会议的方式进行。验收会议由验收组组长主持,验收组成员及项目法人、各参建单位和运行管理等单位的代表参加。

(2)档案验收会议主要议程:①验收组组长宣布验收会议文件及验收组组成人员名单;②项目法人汇报工程概况和档案管理与自检情况;③监理单位汇报工程档案审核情况;④已进行预验收的,由预验收组织单位汇报预验收意见及有关情况;⑤验收组对汇报有关情况提出质询,并察看工程建设现场;⑥验收组检查工程档案管理情况,并按比例抽查已归档文件材料;⑦验收组结合检查情况按验收标准逐项赋分,并进行综合评议,讨论、形成档案验收意见;⑧验收组与项目法人交换意见,通报验收情况;⑨验收组组长宣读验收意见。

(八)验收意见

(1)前言(验收会议的依据、时间、地点及验收组组成情况,工程概况,验收工作的步骤、方法与内容简述)；

(2)档案工作基本情况：工程档案工作管理体制与管理状况；

(3)文件材料的收集、整理质量，竣工图的编制质量与整理情况，已归档文件材料的种类与数量；

(4)工程档案的完整、准确、系统性评价；

(5)存在问题及整改要求；

(6)得分情况及验收结论；

(7)附件：档案验收组成员签字表。

(九)整改情况

对档案验收意见中提出的问题和整改要求，验收组织单位应加强对落实情况的检查、督促；项目法人应在工程竣工验收前，完成相关整改工作，并在提出竣工验收申请时，将整改情况一并报送竣工验收主持单位。

对未通过档案验收(含预验收)的，项目法人应在完成相关整改工作后，按相关要求，重新申请验收。

五、水利系统通信工程验收

水利系统通信工程在投入使用前应通过竣工验收。

(一)主持单位

竣工验收主持单位的确定原则应遵守水利部颁布的有关验收管理规定。

(1)水利部或者流域管理机构负责初步设计审批的中央项目，竣工验收主持单位为水利部或者流域管理机构；

(2)水利部负责初步设计审批的地方项目，以中央投资为主的，竣工验收主持单位为水利部或者流域管理机构，以地方投资为主的，竣工验收主持单位为省级人民政府(或者其委托的单位)或者省级人民政府水行政主管部门(或者其委托的单位)；

(3)地方负责初步设计审批的项目，竣工验收主持单位为省级人民政府水行政主管部门(或者其委托的单位)；

(4)部直属事业单位和流域管理机构机关的项目，由水利部或由其指定、委托的直属事业单位、流域管理机构主持；

(5)流域管理机构所属事业单位的项目，总投资在1 000万元(含1 000万元)以上的，由水利部或委托流域管理机构主持，总投资在1 000万元以下的，由流域管理机构主持。

(二)试运行

以下规定提出了水利系统新建、扩建和改建的通信工程(含水利建设工程中配套通信工程项目)试运行应当具备的条件，试运行时间、试运行工作报告内容等方面的要求，同时明确了项目法人应在试运行结束后的15个工作日内向竣工验收主持单位提出竣工验收申请。

(1)通信工程项目通信系统没有进行试运行，不允许进行竣工验收；

(2)试运行应由项目法人组织，运行管理单位负责，其他参建单位配合，主要对设备和系统性能、功能指标、设计质量和施工质量等进行全面考核；

(3)试运行时间应不少于3个月；

(4)运行管理单位应在试运行结束后编写试运行工作报告；

(5)项目法人应在试运行结束后的15个工作日内，按规定向竣工验收主持单位提出竣工验收申请。

(三)竣工验收申请

工程建设项目全部完成后并具备竣工验收条件时，项目法人应及时提出竣工验收申请。竣工验收主持单位应在接到竣工验收申请报告20个工作日内决定是否同意进行竣工验收。不能按期进行竣工验收的，经竣工验收主持单位同意，可适当延长期限，但最长不应超过6个月。

(四)竣工验收具备的条件

(1)工程项目已按批准设计文件规定的内容全部完成，并经规定时间的试运行，各项技术性能指标符合设计要求；

(2)初次验收所发现的问题已基本处理完毕，遗留问题已有处理方案；

(3)工程投资已全部到位，财务决算已完成并已通过审计；

(4)工程质量达到合格标准；

(5)仪器仪表、备品备件已按设计备齐；

(6)工程运行管理单位已经明确；

(7)生产、维护、管理人员数量和素质能适应投入使用初期的需要；

(8)技术文件、工程技术档案和竣工资料齐全、完整，归档资料符合工程项目档案资料管理的有关规定；

(9)工程验收相关工作报告已准备就绪。

六、移民验收

(一)适用范围

下述规定适用于大中型水利水电工程移民验收工作，小型水利水电工程移民验收工作可参照执行。

(二)提交验收报告

水利水电工程移民应单独组织验收，由验收申请单位向验收委员会提交移民验收报告，没有提交报告的，不予验收。

(三)验收分类

水利水电工程移民验收按进度分为截流、下闸蓄水、分期蓄水等阶段性验收和竣工验收，按项目分为分项验收和总体验收，按程序分为自验、初验和终验。

(四)验收依据

主要依据《大中型水利水电工程建设征地补偿和移民安置条例》和国家的有关政策、法规及工程建设标准。

(五)验收程序及组织形式

(1)在自验的基础上，由项目法人组织地方移民管理单位、设计单位、监理单位组织初验，提出初验报告，并向终验主持单位提出验收申请报告。

(2)在初验的基础上，由终验主持单位组织地方政府、投资方、项目法人、设计和监理单位及有关专家进行终验，提出终验报告。

(3)专业设施项目应由相应行业主管部门会同项目法人、监理单位、有关地方政府及其移民管理单位，按国家有关行业规定组织验收，提出验收报告。

(4)非阶段性的水库清理验收，一般由项目法人组织地方移民管理单位、设计单位和移民监理单位等组成验收小组，办理验收事项。

(5)移民阶段性验收和竣工验收的终验，均应成立验收委员会。验收委员会设主任委员1名，由主持单位代表担任，副主任委员若干名。验收委员会由主持单位、行政主管部门、投资方、地方政府、项目法人、设计单位、移民监理单位的代表和有关专家组成。

(六)阶段性和竣工验收的终验会工作程序

(1)验收程序。

召开预备会议，听取项目法人有关会议准备情况汇报，确定验收委员会成员名单；召开大会，听取相关参建单位的工作报告；检查移民安置和移民资金使用情况，提出分项检查意见；召开验收委员会会议，听取各分项检查情况汇报，对存在问题提出处理意见，讨论通过移民验收报告；召开大会，宣读移民验收报告，验收委员会委员在验收报告上签字。

(2)验收结论必须经2/3以上的委员同意。

(3)如果在验收过程中发现重大问题，验收委员会可停止验收，并及时上报上级主管部门。

(4)移民验收中发现的问题，各有关单位应按验收委员会提出的处理意见，按期妥善处理。项目法人应负责监督检查，并及时将处理结果报验收主持单位。

(5)项目法人负责统一组织制备验收资料，有关单位应按项目法人的要求及时完成。

(七)阶段验收的主要工作

(1)根据主体工程的建设进度，检查移民迁建是否具备截流、下闸蓄水和分期蓄水条件；

(2)检查移民工程的质量，重点检查农村移民的生产、生活安置情况，对移民工程质量进行评定；

(3)检查移民资金拨付与使用情况；

(4)检查下阶段的移民实施计划；

(5)对存在的问题提出处理意见。

(八)截流阶段的移民验收条件

(1)截流水位淹没影响的移民在截流前全部迁建完毕；

(2)已建立移民分户档案；

(3)库区中断的交通、电力、通信网络已采取过渡措施；

(4)完成截流影响范围的库底清理工作。

(九)下闸蓄水阶段移民验收条件

(1)下闸蓄水淹没影响的移民全部迁建完毕；

(2)农村移民生产生活得到妥善安置，移民分户建房和调整土地基本到位，具备生产生活的基本条件；

(3)城集镇建设规模、市政工程建设符合移民安置规划，完成的专业项目已通过验收；

(4)库底清理已验收合格。

(十)竣工验收条件

(1)批准的移民迁建工程全部完成；

(2)专项工程全部通过验收；

(3)阶段验收发现的问题已处理解决；

(4)施工征地、移民迁建征地及淹没区征地的土地征用手续完备；

(5)移民工程竣工决算全部通过竣工审计；

(6)移民的生产与生活基本达到建库前的水平；

(7)个别专项工程尚未建成，但不影响整体移民安置，在责成有关单位限期完成的前提下，可视为具备验收条件。

(十一)竣工验收主要工作

(1)检查项目法人、地方政府、设计单位和监理单位的工作报告和初步验收报告；

(2)根据初步验收报告和分项检查意见，对移民迁建执行情况、移民工程质量、资金管理、移民安置效果进行综合评述，对存在问题进行限期整改，编制移民终验验收报告；

(3)讨论并通过《移民终验验收报告》。

(十二)验收评定标准

(1)验收评定分优良、合格、不合格三个等级。

(2)单项工程合格率达90%以上的分项评为优良，单项工程合格率在90%~80%的分项评为合格，低于80%的为不合格。

(3)移民安置验收以人均占有为标准。人均指标达到规划标准90%以上，移民满意率在90%以上的评为优良；两项指标分别在90%~80%的评为合格；低于80%的评为不合格。

(4)在综合评价时，专项设施和移民安置两项均评为优良，可评为优良；两项均评为合格，可评为合格；两项均不合格，评为不合格；两项评分不一致的，取低分评定。

第三节　竣工验收

一、一般规定

竣工验收应在工程建设项目全部完成并满足一定运行条件后1年内进行。不能按期进行竣工验收的，经竣工验收主持单位同意，可适当延长期限，但最长不得超过6个月。一定运行条件是指：

(1)泵站工程经过一个排水期或抽水期；

(2)河道疏浚工程完成后；

(3)其他工程经过6个月(经过一个汛期)至12个月。

工程具备验收条件时,项目法人应向竣工验收主持单位提出竣工验收申请报告,竣工验收申请报告应经法人验收监督管理机关审查后报竣工验收主持单位;工程未能按期进行竣工验收的,项目法人应向竣工验收主持单位提出延期竣工验收专题申请报告,申请报告应包括延期竣工验收的主要原因及计划延长的时间等内容。项目法人编制完成竣工财务决算后,应报送竣工验收主持单位财务部门进行审查和审计部门进行竣工审计,审计部门应出具竣工审计意见,项目法人应对审计意见中提出的问题进行整改并提交整改报告。竣工验收分为竣工技术预验收和竣工验收两个阶段。大型水利工程在竣工技术预验收前,应按照有关规定进行竣工验收技术鉴定,中型水利工程,竣工验收主持单位可以根据需要决定是否进行竣工验收技术鉴定。

二、竣工验收自查

申请竣工验收前,项目法人应组织竣工验收自查。自查工作由项目法人主持,勘测、设计、监理、施工、主要设备制造(供应)商以及运行管理等单位的代表参加。竣工验收自查应包括以下主要内容:

(1)检查有关单位的工作报告。

(2)检查工程建设情况,评定工程项目施工质量等级。

(3)检查历次验收、专项验收的遗留问题和工程初期运行所发现问题的处理情况。

(4)确定工程尾工内容及其完成期限和责任单位。

(5)对竣工验收前应完成的工作作出安排。

(6)讨论并通过竣工验收自查工作报告。

(7)项目法人组织工程竣工验收自查前,应提前10个工作日通知质量和安全监督机构,同时向法人验收监督管理机关报告。质量和安全监督机构应派员列席自查工作会议;项目法人应在完成竣工验收自查工作之日起10个工作日内,将自查的工程项目质量结论和相关资料报质量监督机构核备;参加竣工验收自查的人员应在自查工作报告上签字。项目法人应自竣工验收自查工作报告通过之日起30个工作日内,将自查报告报法人验收监督管理机关。

三、竣工验收具备的条件

(1)工程已按批准的设计全部完成;

(2)工程重大设计变更已经有审批权的单位批准;

(3)各单位工程能正常运行;

(4)历次验收所发现的问题已基本处理完毕;

(5)各专项验收已通过;

(6)工程投资已全部到位;

(7)竣工财务决算已通过竣工审计,审计意见中提出的问题已整改并提交了整改报告;

(8)运行管理单位已明确,管理养护经费已基本落实;

(9)质量和安全监督工作报告已提交,工程质量达到合格标准;

(10)竣工验收资料已准备就绪;

(11)当工程有少量建设内容未完成,但不影响工程正常运行,且能符合财务有关规定,项目法人已对尾工做出安排的,经竣工验收主持单位同意,可进行竣工验收。

四、验收程序

(1)项目法人组织进行竣工验收自查;

(2)项目法人提交竣工验收申请报告;

(3)竣工验收主持单位批复竣工验收申请报告;

(4)进行竣工技术预验收;

(5)召开竣工验收会议;

(6)印发竣工验收鉴定书。

五、竣工审计

竣工决算审计主要是依据审计署、国家计委、中国人民建设银行三部门1991年12月23日联合发布的《关于下发〈基本建设项目竣工决算审计试行办法〉的通知》(审基发[1991]430号)。

(一)审计的主要内容

(1)竣工决算编制依据,审查决算编制工作有无专门组织,各项清理工作是否全面、彻底,编制依据是否符合国家有关规定,资料是否齐全,手续是否完备,对遗留问题处理是否合规。

(2)项目建设及概算执行情况。审查项目建设是否按批准的初步设计进行,各单位工程建设是否严格按批准的概算内容执行,有无概算外项目和提高建设标准、扩大建设规模的问题,有无重大质量事故和经济损失。

(3)交付使用财产和在建工程。审查交付使用财产是否真实、完整,是否符合交付条件,移交手续是否齐全、合规;成本核算是否正确,有无挤占成本、提高造价、转移投资的问题;核实在建工程投资完成额;查明未能全部建成,及时交付使用的原因。

(4)转出投资、应核销投资及应核销其他支出。审查其列支依据是否充分,手续是否完备,内容是否真实,核算是否合规,有无虚列投资的问题。

(5)尾工工程。根据修正总概算和工程形象进度,核实尾工工程的未完工程量,留足投资。防止将新增项目列为尾工项目、增加新的工程内容和自行消化投资包干结余。

(6)结余资金。核实结余资金,重点是库存物资,防止隐瞒、转移、挪用或压低库存物资单价,虚列往来欠款,隐匿结余资金的现象。查明器材积压、债权债务未能及时清理的原因,揭示建设管理中存在的问题。

(7)基建收入。基建收入的核算是否真实、完整,有无隐瞒、转移收入的问题。是否按国家规定计算分成,足额上交或归还贷款。留成是否按规定交纳"两金"及分配和使用。

(8)投资包干结余。根据项目总承包合同核实包干指标,落实包干结余,防止将未完工程的投资作为包干结余参与分配;审查包干结余分配是否合规。

(9)竣工决算报表。审查报表的真实性、完整性、合规性。

(10)投资效益评价。从物资使用、工期、工程质量、新增生产能力、预测投资回收期等方面全面评价投资效益。

(11)其他专项审计,可视项目特点确定。

(二)竣工审计送审的有关文件、资料

(1)有权机关批准的可行性研究报告、初步设计全套资料(包括设计说明书、投资概算书、工程特征图、修正总概算)。

(2)大中型项目开工报告及批准文件。

(3)施工图设计文件、施工图预算。

(4)工程设计合同、监理合同、施工合同、设备采购定货合同及有关补充协议、纪要。

(5)经承、发包双方签章的工程竣工图、设计变更、会议纪要。

(6)经承、发包双方现场代表签字的施工签证及隐蔽工程记录。

(7)经承、发包双方签字认可的工程决算书。

(8)工程点交清单、财产、物资移交清单,银行往来账及债权、债务对账签证资料。

(9)竣工财务决算报表及情况说明书。

(10)与竣工决算有关的其他资料。

对经招投标发包的工程,除上述资料外,还需报送工程招标文件、中标通知书、中标单位投标书。

六、工程质量抽样检测

(一)一般规定

(1)根据竣工验收的需要,竣工验收主持单位可以委托具有相应资质的工程质量检测单位对工程质量进行抽样检测。项目法人应与工程质量检测单位签订工程质量检测合同。检测所需费用由项目法人列支,质量不合格工程所发生的检测费用由责任单位承担。

(2)工程质量检测单位不得与参与工程建设的项目法人、设计、监理、施工、设备制造(供应)商等单位隶属同一经营实体。

(3)根据竣工验收主持单位的要求和项目的具体情况,项目法人应负责提出工程质量抽样检测的项目、内容和数量,经质量监督机构审核后报竣工验收主持单位核定。

(4)工程质量检测单位应按照有关技术标准对工程进行质量检测,按合同要求及时提出质量检测报告并对检测结论负责。项目法人应自收到检测报告10个工作日内将检测报告报竣工验收主持单位。

(5)对抽样检测中发现的质量问题,项目法人应及时组织有关单位研究处理。在影响工程安全运行以及使用功能的质量问题处理完毕前,不得进行竣工验收。

(二)安徽省水利工程建设质量检测管理规定

根据《水利工程质量检测管理规定》(水利部令第36号)、《水利水电工程施工质量检验与评定规程》(SL 176—2007)、《水利水电建设工程验收规程》(SL 223—2008)、《安徽省水利工程见证取样和送检工作实施意见》及有关规定,现就进一步加强水利工程(含外行业投资兴建的涉水工程)建设质量检测管理工作有关事项通知如下。

1. 加强检测市场监管、规范检测行为

从事水利工程质量检测的检测机构，须取得省级以上质量技术监督部门的计量认证证书和省级以上水行政主管部门颁发的行业资质证书。检测机构应严格按照其资质等级和检测能力开展质量检测业务，严禁超越其资质等级和检测能力承揽检测任务。

检测单位不得转包质量检测业务，未经项目法人同意，不得分包质量检测业务；检测单位应按照规程规范和合同的要求进行检测，并对检测数据的准确性、真实性负责；检测单位在检测过程中发现可能影响工程安全的质量隐患，应当立即向项目法人、质量监督机构报告；检测报告应当对检测结果是否符合设计和规范要求作出明确结论；检测单位应当单独建立检测结果不合格项目台账。

外省水利行业资质的检测机构须在安徽省水利厅备案后，方可在安徽省开展检测业务。

2. 认真做好施工单位自检

施工单位应依据工程设计、国家和行业技术标准要求与合同约定，对原材料与中间产品、实体质量按照规定的检测频率和检测标准进行工程质量自检，同时结合自检情况如实填写水利水电工程施工质量评定表，并报监理机构复核。不合格、无出厂合格证或不符合质量标准的原材料及中间产品不得用于工程中。原材料及中间产品质量主要检验项目和数量见附件6。

施工现场设立实验室的，仪器设备应定期检定，并具备有效的检定证书，试验人员应持证上岗，现场实验室的设备检定证书、实验人员岗位证书等应报质量监督机构核备；不设工地实验室的或工地实验室不能检测的项目，施工单位应委托具备水利行业资质的检测单位进行检测。施工单位在确定检测单位前，应报项目法人，由项目法人报工程质量监督机构确认后实施。

3. 加强见证取样和送检管理

对涉及工程结构安全的试块、试件及有关材料，应实行见证取样，并送至具有水利行业资质和检测能力的检测单位进行检测。大中型工程见证取样不得与施工单位自检委托同一检测单位。

下列涉及结构安全的试块、试件和材料见证取样和送检的比例不得低于有关技术标准中规定承包人应取样数量的25%，且不得少于1组：

(1)用于主体结构的水泥、外加剂、止水材料及接头试件、钢筋及连接接头试件；

(2)主体结构及防渗体的混凝土试块；

(3)用于承重结构的砌筑砂浆试块；

(4)有防渗功能的土方填筑等。

国家规定其他必须实行见证取样和送检的试块、试件和材料见证取样检测数量，混凝土试样不应少于承包人检测数量的7%；土方试样不应少于承包人检测数量的10%。

见证人员应由监理单位具备水利水电施工试验知识的监理工程师担任，并按照见证取样和送检计划，对施工现场的取样和送检进行见证，取样人员应在试样或其包装上作出标识、封志。由见证人员和取样人员签字并制作见证记录，并将见证记录归入施工技术档案。对标识、标志遭到破坏的试样，检测单位应拒绝检测。见证取样和送检的检测报告必须加盖见证取样检测专用章。

4. 严格执行监理单位平行检测制度

在施工单位自检的基础上，监理单位应依据国家有关法律、法规和工程建设强制性标准，对水利工程建设施工的原材料、中间产品、成品等按照一定的比例独立进行平行检测。

监理平行检测的数量，混凝土试样不应少于承包人检测数量的3%，重要部位每种强度等级的混凝土最少取样1组；土方试样不应少于承包人检测数量的5%，重要部位至少取样3组；机电产品及其他必须检测的项目按相应的规范标准的规定或合同约定执行。

大中型工程平行检测应委托不同于施工自检的具有水利行业资质的第三方检测单位进行。

5. 切实做好竣工验收前质量检测工作

1）竣工检测有关要求

竣工检测工作实行谁主管谁负责的分级管理。工程竣工验收前，项目法人应按竣工验收主持单位和质量监督机构的要求，委托具有水利行业检测资质和能力的检测单位对工程质量进行抽样检测。质量检测单位、工程质量抽检项目及数量由竣工验收主持单位和工程质量监督机构按照有关规定确定。

项目法人未委托质量检测的，质量监督机构不予核定或核备该工程的质量，各级水行政主管部门对工程不予验收。

2）竣工检测方案核定

（1）适用范围：大型水利工程，一、二级堤防工程，概算投资在3 000万元以上的中型水利枢纽工程检测方案，应组织专家进行论证后核定；概算投资在3 000万元以下的水利工程检测方案宜组织专家进行论证后核定；其他类型的水利工程检测方案核定参照执行。

（2）检测方案及主要检测内容：检测方案应包含工程概况、检测依据、检测内容、检测方法（主要仪器设备）、检测部位、数量及检测人员等。报送检测方案时，应将检测单位计量认证证书、水利工程质量检测单位资质证书扫描件及项目负责人主要业绩等一同上报。

竣工验收前质量检测内容应涵盖基础处理、主体结构、机电设备安装、金属结构制作（在制作过程中对材质、焊缝质量、涂层质量及几何尺寸等进行跟踪检测）和安装及其他涉及工程安全及正常使用的部位。水工建筑物（设备）主要检测项目及数量见附件7。

（3）核定组织：安徽省水利厅为主验单位的项目，检测方案由项目法人（或市水务局）报水利厅核定；市水利局为主验单位的项目，检测方案由市水务局核定后报水利厅核备。

（4）检测实施：检测单位应根据工程建设的需要和项目法人的安排，在工程实施过程中及时提供检测服务。

（5）成果备案：项目法人应自收到正式检测报告后10日内将检测报告报检测方案核定单位备案。

3）检测费用

委托检测所需经费由项目法人列支，委托检测发现的质量缺陷处理后的复检（由项目法人委托）费用由缺陷责任单位承担。

七、水库蓄水安全鉴定

蓄水安全鉴定是大型水利水电建设工程蓄水验收的必要依据，未经蓄水安全鉴定不得进行蓄水验收。

蓄水安全鉴定,由项目法人负责组织实施。设计、施工、监理、运行、设备制造等单位负责提供资料,并有义务协助鉴定单位开展工作。

进行蓄水安全鉴定时,鉴定范围内的工程形象面貌应基本达到《水利水电建设工程验收规程》规定的蓄水验收条件,安全鉴定使用的资料已准备齐全。

蓄水安全鉴定的范围是以大坝为重点,包括挡水建筑物、泄水建筑物、引水建筑物的进水口工程、涉及工程安全的库岸边坡及下游消能防护工程等与蓄水安全有关的工程项目。

蓄水安全鉴定工作的重点是检查工程施工过程中是否存在影响工程安全的因素,以及工程建设期发现的影响工程安全的问题是否得到妥善解决,并提出工程安全评价意见;对不符合有关技术标准、设计文件并涉及工程安全的,分析其对工程安全的影响程度,并作出评价意见;对虽符合有关技术标准、设计文件,但专家认为构成工程安全运行隐患的,也应对其进行分析和作出评价。

(一)蓄水安全鉴定内容

(1)检查工程形象面貌是否符合蓄水要求。

(2)检查工程质量(包括设计、施工等)是否存在影响工程安全的隐患。对关键部位、出现过质量事故的部位以及有必要检查的其他部位要进行重点检查,包括抽查工程原始资料和施工、设备制造验收签证,必要时应当使用钻孔取样、充水试验等技术手段进行检测。

(3)检查洪水设计标准,工程泄洪设施的泄洪能力,消能设施的可靠性,下闸蓄水方案的可靠性,以及调度运行方案是否符合防洪和度汛安全的要求。

(4)检查工程地质条件、基础处理、滑坡及处理、工程防震是否存在不利于建筑物的隐患。

(5)检查工程安全检测设施、检测资料是否完善并符合要求。

(二)蓄水安全鉴定程序

(1)安全鉴定前,安全鉴定单位制定蓄水安全鉴定工作大纲,明确鉴定的主要内容,提出鉴定工作所需资料清单。

(2)听取项目法人、设计、施工、监理、运行等建设各方的情况介绍。

(3)进行现场调查,收集资料。

(4)设计、施工、监理、运行等建设各方分别编写自检报告。

(5)专家组集中分析、研究有关工程资料,与建设各方沟通情况,必要时进行设计复核、现场检查或检测。专家组讨论并提出鉴定报告初稿。

(6)在与建设各方充分交换意见的基础上,作出工程安全评价,完成蓄水安全鉴定报告,专家组全体成员签字认可。

项目法人认为工程符合蓄水安全鉴定条件时,可决定组织蓄水安全鉴定。蓄水安全鉴定,由项目法人委托经水利部认定有资格的单位承担,与之签订蓄水安全鉴定合同,并报工程建设项目上级主管部门核备。接受委托负责蓄水安全鉴定的单位(即鉴定单位)应成立专家组,并将专家组组成情况报工程验收主持单位和相应的水利工程质量监督部门核备。

鉴定专家组应由专业水平高、工程设计、施工经验丰富、具有高级工程师以上职称的专家组成,包括水文、地质、水工、施工、机电、金属结构等有关专业。鉴定专家组1/3以上人员须聘请责任单位以外的专家参加。

项目法人、设计、施工、监理、运行、设备制造等参建单位的在职人员或从事过本工程设计、施工、管理的其他人员,不能担任专家组成员。

项目法人应组织建设各方认真做好配合鉴定专家组进行的工作,包括:①准确、及时提供鉴定工作所需的各种工程资料;②根据专家组的要求,组织相对固定的专业人员和工作人员,向专家组介绍有关工程情况,对专家组提出的问题进行解答;③根据专家组的要求,对有关问题进行补充分析工作,并提出相应的专题报告;④为专家组在现场工作提供必要的工作条件。

鉴定单位应将鉴定报告提交给项目法人,并抄报工程验收主持单位和水利工程质量监督部门。工程验收前,项目法人应负责将鉴定报告分送给验收委员会各成员。

项目法人应组织建设各方,对鉴定报告中指出的工程安全问题和提出的建议,进行认真的研究和处理,并将处理情况书面报告验收委员会。

建设各方应对所提供资料的准确性负责。凡在工程安全鉴定工作中提供虚假资料、发现工程安全隐患隐瞒不报或谎报的单位,由项目主管上级部门或责成有关单位按有关规定对责任者进行处理。

鉴定单位应独立地进行工作,提出客观、公正、科学的鉴定报告,并对鉴定结论负责。项目法人等任何单位或个人,均不得妨碍和干预鉴定单位与鉴定专家组独立地作出鉴定意见。

建设各方对鉴定报告有重大分歧意见的,应形成书面意见送鉴定单位,并抄报工程验收主持单位和水利工程质量监督部门。

进行工程验收时,验收委员会依据鉴定报告,并听取建设各方的意见,作出验收结论。当对个别疑难问题难以作出结论时,主任委员单位应组织有关专家或委托科研单位进一步论证,提出结论意见。

八、竣工验收技术鉴定

进行竣工验收技术鉴定时,工程形象面貌应基本达到《水利水电建设工程验收规程》规定的竣工验收条件,技术鉴定需用的资料已准备齐全。

竣工验收技术鉴定的范围为:未进行安全鉴定的,应包括工程所有项目;已进行安全鉴定的,包括安全鉴定中未包括的项目和安全鉴定后建成的项目。

竣工验收技术鉴定工作的任务是:对工程的设计、施工质量和工程运行情况进行评价,提出工程竣工验收技术鉴定意见,明确是否具备竣工验收条件。

(一)竣工验收技术鉴定工作内容

(1)检查设计依据和标准是否符合国家现行有关技术标准(包括工程建设标准强制性条文),检查初步设计审批后的设计变更是否按建设程序经有审批权的单位批准。

(2)检查土建工程施工、机电工程和金属结构制造、安装、调试是否符合国家现行有关技术标准；检查工程施工质量是否满足国家现行的有关技术标准；对土建工程、机电设备、金属结构及启闭设备的缺陷和质量事故的处理情况提出评价。

(3)检查工程运行管理、水库调度运用方案是否符合国家现行有关技术标准；根据安全监测成果、设计复核成果，对工程初期运用的安全性进行评价。

(4)检查工程是否具备验收条件。

(二)竣工验收技术鉴定工作程序

(1)工作大纲编制；

(2)竣工报告编制；

(3)现场鉴定；

(4)鉴定报告编写。

(三)技术鉴定评价项目内容

(1)对工程形象面貌进行评价；

(2)对土建工程的地质条件、设计、施工质量进行评价；

(3)对机电工程和金属结构工程的设计、制造、安装、调试质量和运行情况进行评价；

(4)对安全监测设计和仪器埋设质量、监测成果和工程初期运行情况进行评价；

(5)对工程防洪、度汛和调度运用方案进行评价。

(四)技术鉴定检查项目内容

(1)对安全鉴定、各阶段验收和技术鉴定中遗留问题的处理情况进行检查；

(2)对是否具备竣工验收条件进行检查。

九、竣工技术预验收

(一)验收组织

竣工技术预验收应由竣工验收主持单位组织的专家组负责。技术预验收专家组成员应具有高级技术职称或相应执业资格，2/3 以上成员应来自工程非参建单位。工程参建单位的代表应参加技术预验收，负责回答专家组提出的问题。

竣工技术预验收专家组可下设专业工作组，并在各专业工作组检查意见的基础上形成竣工技术预验收工作报告。

(二)技术预验收主要内容

(1)检查工程是否按批准的设计完成；

(2)检查工程是否存在质量隐患和影响工程安全运行的问题；

(3)检查历次验收、专项验收的遗留问题和工程初期运行中所发现问题的处理情况；

(4)对工程重大技术问题作出评价；

(5)检查工程尾工安排情况；

(6)鉴定工程施工质量；

(7)检查工程投资、财务情况；

(8)对验收中发现的问题提出处理意见。

(三)技术预验收的程序

(1)现场检查工程建设情况并查阅有关工程建设资料；

(2)听取项目法人、设计、监理、施工、质量和安全监督机构、运行管理等单位工作报告;

(3)听取竣工验收技术鉴定报告和工程质量抽样检测报告;

(4)专业工作组讨论并形成各专业工作组意见;

(5)讨论并通过竣工技术预验收工作报告;

(6)讨论并形成竣工验收鉴定书初稿;

(7)竣工技术预验收工作报告应是竣工验收鉴定书的附件。

十、竣工验收

(一)验收委员会

竣工验收委员会可设主任委员1名,副主任委员以及委员若干名,主任委员应由验收主持单位代表担任。竣工验收委员会由竣工验收主持单位、有关地方人民政府和部门、有关水行政主管部门和流域管理机构、质量和安全监督机构、运行管理单位的代表以及有关专家组成。工程投资方代表可参加竣工验收委员会。

项目法人、勘测、设计、监理、施工和主要设备制造(供应)商等单位应派代表参加竣工验收,负责解答验收委员会提出的问题,并作为被验收单位代表在验收鉴定书上签字。

(二)验收会议的主要内容和程序

(1)现场检查工程建设情况及查阅有关资料。

(2)竣工验收会议的程序如下:①宣布验收委员会组成人员名单;②观看工程建设声像资料;③听取工程建设管理工作报告;④听取竣工技术预验收工作报告;⑤听取验收委员会确定的其他报告;⑥讨论并通过竣工验收鉴定书;⑦验收委员会委员和被验收单位代表在竣工验收鉴定书上签字。

(三)质量结论意见

工程项目质量达到合格以上等级的,竣工验收的质量结论意见为合格。

(四)验收鉴定书

竣工验收鉴定书数量按验收委员会组成单位、工程主要参建单位各1份以及归档所需要份数确定。自鉴定书通过之日起30个工作日内,由竣工验收主持单位发送有关单位。

第十四章　生产准备阶段

生产准备是项目投产前所要进行的一项重要工作，是建设阶段转入生产经营的必要条件。项目法人应按照建管结合和项目法人责任制的要求，适时做好有关生产准备工作。

第一节　生产组织准备

建立生产经营的管理机构及相应管理制度。

第二节　招收和培训人员

按照生产运营的要求，配备生产管理人员，并通过多种形式的培训，提高人员素质，使之能满足运营要求。生产管理人员要尽早介入工程的施工建设，参加设备的安装调试，熟悉情况，掌握好生产技术和工艺流程，为顺利衔接基本建设和生产经营阶段做好准备。

第三节　生产技术准备

生产技术准备主要包括技术资料的汇总、运行技术方案的制订、岗位操作规程制定和新技术准备。

第四节　生产物资准备

生产物资准备主要是落实投产运营所需要的原材料、协作产品、工器具、备品备件和其他协作配合条件的准备。

第五节　正常生活设施准备

提供正常的生活福利设施准备，及时具体落实产品销售合同协议的签订，提高生产经营效益，为偿还债务和资产的保值增值创造条件。

第十五章　保修阶段

第一节　工程交接

（1）通过合同工程完工验收或投入使用验收后，项目法人与施工单位应在30个工作日内组织专人负责工程的交接工作，交接过程应有完整的文字记录并有双方交接负责人签字。

（2）项目法人与施工单位应在施工合同或验收鉴定书约定的时间内完成工程及其档案资料的交接工作。

（3）工程办理具体交接手续的同时，施工单位应向项目法人递交工程质量保修书。保修书的内容应符合合同约定的条件。

（4）工程质量保修期从工程通过合同工程完工验收后开始计算，但合同另有约定的除外。

（5）在施工单位递交了工程质量保修书、完成施工场地清理以及提交有关竣工资料后，项目法人应在30个工作日内向施工单位颁发合同工程完工证书。

第二节　工程移交

（1）工程通过投入使用验收后，项目法人宜及时将工程移交运行管理单位管理，并与其签订工程提前启用协议。

（2）在竣工验收鉴定书印发后60个工作日内，项目法人与运行管理单位应完成工程移交手续。

（3）工程移交应包括工程实体、其他固定资产和工程档案资料等，应按照初步设计等有关批准文件进行逐项清点，并办理移交手续。

（4）办理工程移交，应有完整的文字记录和双方法定代表人签字。

第三节　验收遗留问题及尾工处理

（1）有关验收成果性文件应对验收遗留问题有明确的记载。影响工程正常运行的，不得作为验收遗留问题处理。

（2）验收遗留问题和尾工的处理由项目法人负责。项目法人应按照竣工验收鉴定书、合同约定等要求，督促有关责任单位完成处理工作。

（3）验收遗留问题和尾工处理完成后，有关单位应组织验收，并形成验收成果性文件。项目法人应参加验收并负责将验收成果性文件报竣工验收主持单位。

(4)工程竣工验收后,应由项目法人负责处理的验收遗留问题,项目法人已撤销的,由组建或批准组建项目法人的单位或其指定的单位处理完成。

第四节　工程竣工证书颁发申请报告

(1)工程质量保修期满后30个工作日内,项目法人应向施工单位颁发工程质量保修责任终止证书。但保修责任范围内的质量缺陷未处理完成的除外。

(2)工程质量保修期满以及验收遗留问题和尾工处理完成后,项目法人应向工程竣工验收主持单位申请领取竣工证书。申请报告应包括以下内容:

①工程移交情况;

②工程运行管理情况;

③验收遗留问题和尾工处理情况;

④工程质量保修期有关情况。

第五节　颁发工程竣工证书的条件

(1)竣工验收主持单位应自收到项目法人申请报告后30个工作日内决定是否颁发工程竣工证书。颁发竣工证书应符合以下条件:

①竣工验收鉴定书已印发;

②工程遗留问题和尾工处理已完成并通过验收;

③工程已全面移交运行管理单位管理。

(2)工程竣工证书是项目法人全面完成工程项目建设管理任务的证书,也是工程参建单位完成相应工程建设任务的最终证明文件。

(3)工程竣工证书数量按正本3份和副本若干份颁发,正本由项目法人、运行管理单位和档案部门保存,副本由工程主要参建单位保存。

第十六章　后评价

第一节　后评价的原则

建设项目后评价工作必须遵循客观、公正、科学的原则，做到分析合理、评价公正。通过建设项目的后评价，以达到肯定成绩、总结经验、研究问题、吸取教训、提出建议、改进工作，不断提高项目决策水平和投资效果的目的。

第二节　后评价的时间

建设项目竣工投产后，一般经过 1 ~2 年生产运营后，要进行一次系统的项目后评价。

第三节　后评价组织实施

项目后评价一般按三个层次组织实施，即项目法人的自我评价、项目行业的评价、计划部门（或主要投资方）的评价。

第四节　后评价内容

一、影响评价

项目投产后对各方面的影响进行评价。

二、经济效益评价

对项目投资、国民经济效益、财务效益、技术进步和规模效益、可行性研究深度等进行评价。

三、过程评价

对项目的立项、设计施工、建设管理、竣工投产、生产运营等全过程进行评价。

附　录

附录1　关于基本建设大中型项目开工条件的规定

为了进一步加强基本建设大中型项目开工管理,严格开工条件,保证工程建设质量和工期,控制工程造价,提高投产效益,现对基本建设大中型项目的开工条件规定如下:

项目法人已经设立。项目组织管理机构和规章制度健全。项目经理和管理机构成员已经到位。项目经理已经过培训,具备承担所任职工作的条件。

项目初步设计及总概算已经批复。若项目总概算批复时间至项目申请开工时间超过两年(含两年),或自批复至开工期间,动态因素变化大,总投资超出原批概算10%以上的,须重新核定项目总概算。

项目资本金和其他建设资金已经落实,资金来源符合国家有关规定,承诺手续完备,并经审计部门认可。

项目施工组织设计大纲已经编制完成。项目施工组织设计大纲的具体内容和编制要求详见附件(各行业主管部门可根据实际情况予以调整)。

项目主体工程(或控制性工程)的施工单位已经通过招标选定,施工承包合同已经签订。

项目法人与项目设计单位已签订设计图纸交付协议。项目主体工程(或控制性工程)的施工图纸至少可满足连续3个月施工的需要。

项目施工监理单位已通过招标选定。

项目征地、拆迁和施工场地"四通一平"(即供电、供水、运输、通信和场地平整)工作已经完成,有关外部配套生产条件已签订协议。项目主体工程(或控制性工程)施工准备工作已经做好,具备连续施工的条件。

项目建设需要的主要设备和材料已经订货,项目所需建筑材料已落实来源和运输条件,并已备好连续施工3个月的材料用量。需要进行招标采购的设备、材料,其招标组织机构落实,采购计划与工程进行相衔接。

国务院各主管部门负责对本行业中央项目开工条件进行检查;各省(自治区、直辖市)计划部门负责对本地区地方项目开工条件进行检查。凡上报国家计委申请开工的项目,必须附有国务院有关部门或地方计划部门的开工条件检查意见。国家计委将按本规定对申请开工的项目进行审核,其中大型项目批准开工前,国家计委将派人去现场检查落实开工条件。凡未达到开工条件的,不予批准新开工。

小型项目的开工条件,各地区、各部门可参照本规定制定具体管理办法。

本规定自发布之日起施行,由国家计委负责解释。

附录 2　工程建设项目招标范围和规模标准规定

（2000 年 5 月 1 日国家发展计划委员会计委第 3 号发布）

第一条　为了确定必须进行招标的工程建设项目的具体范围和规模标准，规范招标投标活动，根据《中华人民共和国招标投标法》第三条的规定，制定本规定。

第二条　关系社会公共利益、公众安全基础设施项目的范围包括：

1. 煤炭、石油、天然气、电力、新能源等能源项目；

2. 铁路、公路、管道、水运、航空以及其他交通运输业等交通运输项目；

3. 邮政、电信枢纽、通信、信息网络等邮电通信项目；

4. 防洪、灌溉、排涝、引（供）水、滩涂治理、水土保持、水利枢纽等水利项目；

5. 道路、桥梁、地铁和轻轨交通、污水排放及处理、垃圾处理、地下管道、公共停车场等城市设施项目；

6. 生态环境保护项目；

7. 其他基础设施项目。

第三条　关系社会公共利益、公众安全的公用事业项目的范围包括：

1. 供水、供电、供气、供热等市政工程项目；

2. 科技、教育、文化等项目；

3. 体育、旅游等项目；

4. 卫生、社会福利等项目；

5. 商品住宅，包括福利等项目；

6. 其他公用事业项目。

第四条　使用国有资金投资项目的范围包括：

1. 使用各级财政预算资金的项目；

2. 使用纳入财政管理的各种政府性专项建设基金的项目；

3. 使用国有企业事业单位自有资金，并且国有资产投资者实际拥有控制权的项目。

第五条　国家融资项目的范围包括：

1. 使用国家发行债券所自筹资金的项目；

2. 使用国家对外借款或者担保所筹资金的项目；

3. 使用国家政策性贷款的项目；

4. 国家授权主体融资的项目；

5. 国家特许的融资项目。

第六条　使用国际组织或者外国政府资金的项目的范围包括：

1. 使用世界银行、亚洲开发银行等国际组织贷款资金的项目；

2. 使用外国政府及其机构贷款资金的项目；

3. 使用国际组织或者外国政府援助资金的项目。

第七条　本规定第二条到第六条规定范围内的各类工程建设项目，包括项目的勘察、

设计、施工、监理以及与工程建设有关的重要设备、材料等的采购,达到下列标准之一的,必须进行招标:

1. 施工单项合同估算价在200万元人民币以上的;

2. 重要设备、材料等货物的采购,单项合同估算价在100万元人民币以上的;

3. 勘察、设计、监理等服务的采购,单项合同估算价在50万元人民币以上的;

4. 单项合同估算价低于第1、2、3项规定的标准,但项目总投资额在3 000万元人民币以上的。

第八条　建设项目的勘察、设计,采用特定专利或者专有技术的,或者其建筑艺术造型有特殊要求的,经项目主管部门批准,可以不进行招标。

第九条　依法必须进行招标的项目,全部使用国有资金投资或者国有资金投资占控股或者主导地位的,应当公开招标。

招标投标活动不受地区、部门的限制,不得对潜在投标人实行歧视待遇。

第十条　省、自治区、直辖市人民政府根据实际情况,可以规定本地区必须进行招标的具体范围和规模标准,但不得缩小本规定确定的必须进行招标的范围。

第十一条　国家发展计划委员会可以根据实际需要,会同国务院有关部门对本规定确定的必须进行招标的具体范围和规模标准进行部分调整。

第十二条　本规定自发布之日起施行。

附 件

附件 1 水利工程开工报告(格式)

××工程开工报告

<table>
<tr><td>工程名称</td><td colspan="3">（初步设计批复的项目名称）</td></tr>
<tr><td>建设地点</td><td colspan="3">（工程坐落于××河流及与××城镇或公路相对地理位置）</td></tr>
<tr><td>计划开工日期</td><td></td><td>计划竣工日期</td><td></td></tr>
<tr><td>初步设计
批复单位</td><td>（批复单位全称）</td><td>批复文号</td><td></td></tr>
<tr><td>投资计划
批复单位</td><td>（批复单位全称）</td><td>批复文号</td><td></td></tr>
<tr><td>主体工程招标情况是否报备</td><td colspan="3"></td></tr>
<tr><td>质量监督单位</td><td>（质量监督单位全称）</td><td>质量监督书编号</td><td></td></tr>
<tr><td>勘察单位名称
及合同编号</td><td></td><td>设计单位名称
及合同编号</td><td></td></tr>
<tr><td>监理单位名称
及合同编号
（主体工程）</td><td></td><td>施工单位名称
及合同编号
（主体工程）</td><td></td></tr>
<tr><td>建设工程用地
批准情况</td><td colspan="3">（办理建设工程用地批准手续的部门和时限）</td></tr>
<tr><td>投资落实情况</td><td colspan="3"></td></tr>
<tr><td>征地、拆迁和施
工场地“四通一
平”等准备情况</td><td colspan="3">（项目征地、拆迁和施工场地“四通一平”等施工准备工作）</td></tr>
<tr><td>施工图纸
交付情况</td><td colspan="3"></td></tr>
<tr><td>材料、主要设备
到场情况</td><td colspan="3"></td></tr>
<tr><td colspan="2">项目法人申报意见
项目法定代表人签字：
项目法人(盖章)
年 月 日</td><td colspan="2">水行政主管部门审查意见
水行政主管部门负责人签字：
水行政部门(盖章)
年 月 口</td></tr>
</table>

附件2 水利工程质量监督书(格式)

监督注册号:____________

水利水电工程质量监督书

____________:

根据《建设工程质量管理条例》和《水利工程质量监督管理规定》,经审查你单位递交的《水利工程质量监督申请书》和所附文件、资料,准予办理工程质量监督手续。

工程名称:____________

建设地点:____________

计划工期:____________

质量目标:____________

概算投资:____________

监督电话:____________

一、质量监督权限：

质量监督人员在工作中发现有违反建设工程质量管理规定的行为和影响工程质量的问题时，有权采取责令改正、局部暂停施工等强制性措施，直至问题得到改正。需要给予行政处罚的，报告水行政主管部门批准后实施。具体措施有：

1. 质量抽查情况通报。在定期和不定期抽查中，我站有权将抽查结果公布于众，对质量好的单位进行表扬，对质量差的单位提出批评，并将抽查结果和施工、监理单位的奖罚结合起来。工程建设各主体责任方应将抽查中存在的问题认真改进，整改完结后书面报告我站。

2. 工程质量整改通知。在不定期抽查中，监督员发现一般问题，可以口头通知或行文发出整改通知，由责任单位进行自检自查，找出原因，进行整改，整改完成后行文报我站备案。

3. 停工通知或局部暂停施工。对工程施工中使用不合格的原材料、构配件或严重违反施工程序或工程实体质量低劣，对继续施工将留下质量隐患的或达不到质量标准的，监督员可给予暂停该工序施工的处理，经站领导审核后，签发质量停工通知书。在未接到我站签发的复工通知前，任何单位不得擅自施工，否则，一切后果由责任单位承担。

4. 罚款处罚。对存在《建设工程质量管理条例》第八章罚则中所列行为的，经我站抽查发现后，上报水行政主管部门进行处理。对施工中存在的质量通病和质量缺陷或违背质量管理程序的行为，可给予2 000～5 000元的罚款，罚款在建设单位支付工程款中扣回。

5. 不良行为记录和行政处罚。对屡犯质量问题、不及时整改的或不服从监督的单位和工作人员，我站将建立不良行为记录簿进行记录，作为水行政主管部门开展资质管理和执业资格管理的依据。情节严重的，我站将建议水行政主管部门给予相应的行政处罚或取消、降低资质和执业资格。

二、我站委派________________同志为本工程质量监督工作的负责人，全权负责该工程的质量监督工作。监督员有：________________。

三、为本工程承担检测的单位，应在指定的检测单位中选定，并将选定结果行文报送我站备案。

四、欢迎对我站质量监督人员的工作和行为进行监督。

附件3　水利工程安全监督书(格式)

水利工程建设项目

安全监督书

编号:(　　　　)

项目名称:

建设地点:

项目法人:(印章)

法人代表:(签名)

×××水务局
年　月　日

一、项目基本情况

<table>
<tr><td>项目名称</td><td></td><td>建设地点</td><td></td></tr>
<tr><td>项目规模</td><td colspan="3"></td></tr>
<tr><td>项目工期</td><td colspan="3"></td></tr>
<tr><td>项目投资</td><td colspan="3"></td></tr>
<tr><td>项目安全目标</td><td colspan="3">较大损失以上责任事故为零</td></tr>
<tr><td rowspan="4">设计批复情况</td><td>设计任务书批准机关</td><td>批准时间</td><td>批准文号</td></tr>
<tr><td></td><td></td><td></td></tr>
<tr><td>初设和总概算批准机关</td><td>批准时间</td><td>批准文号</td></tr>
<tr><td></td><td></td><td></td></tr>
<tr><td>主管单位
（建设单位）</td><td colspan="3"></td></tr>
<tr><td rowspan="2">项目法人</td><td>项目法人名称</td><td>法人代表</td><td>批准文号</td></tr>
<tr><td></td><td></td><td></td></tr>
<tr><td rowspan="3">施工合同</td><td colspan="2">施工单位名称</td><td>签订时间</td></tr>
<tr><td colspan="2"></td><td></td></tr>
<tr><td colspan="2"></td><td></td></tr>
<tr><td rowspan="3">监理合同</td><td colspan="2">监理单位名称</td><td>签订时间</td></tr>
<tr><td colspan="2"></td><td></td></tr>
<tr><td colspan="2"></td><td></td></tr>
<tr><td rowspan="3">设计单位</td><td>设计单位名称</td><td>合同阶段</td><td>签订时间</td></tr>
<tr><td></td><td></td><td></td></tr>
<tr><td></td><td></td><td></td></tr>
</table>

<table>
<tr><td colspan="2">项目名称</td><td></td><td>建设地点</td><td></td></tr>
<tr><td rowspan="4">监理单位</td><td>名称</td><td></td><td>营业执照号</td><td></td></tr>
<tr><td>企业等级</td><td></td><td>资质等级证书</td><td></td></tr>
<tr><td>总监理工程师</td><td></td><td>职称</td><td></td></tr>
<tr><td>专职安全监理员</td><td></td><td>资格证书号</td><td></td></tr>
<tr><td rowspan="4">设计单位</td><td rowspan="2">名称</td><td rowspan="2"></td><td>勘设证书发证机关</td><td></td></tr>
<tr><td>资质证书号</td><td></td></tr>
<tr><td>主行业及跨行业</td><td></td><td>证书等级</td><td></td></tr>
<tr><td>项目设计负责人</td><td></td><td>职务、职称</td><td></td></tr>
<tr><td></td><td></td><td></td><td></td><td></td></tr>
<tr><td rowspan="11">施工单位</td><td>名称</td><td></td><td>营业执照号</td><td></td></tr>
<tr><td rowspan="2">企业等级</td><td rowspan="2"></td><td>资质等级证书号</td><td></td></tr>
<tr><td>安全资格证书号</td><td></td></tr>
<tr><td>详细地址</td><td></td><td>电话</td><td></td></tr>
<tr><td>成立时间</td><td></td><td>批准部门</td><td></td></tr>
<tr><td>主管部门</td><td></td><td>经济性质</td><td></td></tr>
<tr><td rowspan="2">法定代表人</td><td rowspan="2"></td><td>职务、职称</td><td></td></tr>
<tr><td>安全资格证书号</td><td></td></tr>
<tr><td rowspan="2">项目经理</td><td rowspan="2"></td><td>职务、职称</td><td></td></tr>
<tr><td>安全资格证书号</td><td></td></tr>
<tr><td>专职安全员</td><td></td><td>安全资格证书号</td><td></td></tr>
</table>

二、项目安全负责人简况

<table>
<tr><td>姓名</td><td></td><td>性别</td><td></td><td>年龄</td><td></td></tr>
<tr><td>职务</td><td></td><td rowspan="2">安全培训情况</td><td rowspan="2"></td><td rowspan="2">从事工作年限（安全工作年限）</td><td rowspan="2"></td></tr>
<tr><td>职称</td><td></td></tr>
<tr><td colspan="6">工作简历：

签字：(单位盖章)
年　月　日</td></tr>
</table>

三、特殊工种人员名单

姓名	性别	工种	专业工作年限	证书号

四、预防主要伤害发生的措施

伤害类型	预防措施
防坠落	
防触电	
防机伤	
防物击	
防坍塌	
防火灾	
防中毒	

五、施工安全管理体系

单位	安全生产管理体系
安全生产管理机构	
主要安全技术措施	
安全责任承诺	
人身意外伤害保险	
安全生产措施费用	
安全生产应急救援预案	
项目法人意见	
安全监督管理部门审批意见	

附件4 验收方案(格式)

××××××××工程

法人验收工作计划

项目法人:

年 月 日

前言

一、工程概况

(一)工程位置

(二)工程主要建设内容

(三)工程建设有关单位

(四)合同签订情况

二、工程项目划分

三、工程建设总进度计划

四、法人验收工作计划

附件5 竣工验收请示(格式)

××××××××工程

竣工验收申请报告

项目法人：

年 月 日

一、工程基本情况

二、竣工验收应具备条件的检查情况

三、尾工情况及安排意见

四、验收准备工作情况及建议验收时间

附件:1. 竣工验收自查工作报告
　　2. 专项验收成果性文件

法人验收监督管理机关初步审查意见:

法人验收监督管理机关:(单位名称)

法人验收监督机关初审时间:

附件6　原材料及中间产品质量主要检验项目和数量

名称	主要检测项目	主要技术标准	检测组数/批量
水泥	3 d、28 d 抗压强度及抗折强度，细度，凝结时间，安定性等	《通用硅酸盐水泥》（GB 175—2007）	以同一水泥厂、同品牌、同强度等级、同一出厂编号，袋装水泥每≤200 t 为一验收批，散装水泥每≤500 t 为一验收批
砂	含泥量、泥块含量、云母含量、有机质含量、颗粒级配等	《普通混凝土用砂石质量及检验方法标准》（JGJ 52—2006） 《建筑用卵石、碎石》（GB/T 14685—2001）、《建筑用砂》（GB/T 14684—2001）、《水工混凝土试验规程》（SL 352—2006）	1 组/600 t，不足 600 t 亦取一组
碎（卵）石	含泥量、泥块含量、颗粒级配、压碎指标、有机质含量、软弱颗粒含量等		
混凝土	抗压、抗冻、抗折强度、抗渗性能等	《水工混凝土试验规程》（SL 352—2006） 《水工混凝土施工规范》（DL/T 5144—2001）	抗压强度：大体积混凝土 28 d 龄期每 500 m^3 成型一组，设计龄期每 1 000 m^3 成型一组；非大体积混凝土 28 d 龄期每 100 m^3 成型一组，设计龄期每 200 m^3 成型一组。 抗冻、抗渗或其他主要特殊要求应在施工中适当取样检验，其数量可按每季度施工的主要部位取样成型 1～2 组
钢筋	外观质量及公称直径、重量偏差、抗拉强度、屈服点、伸长率、冷弯等	《钢筋混凝土用钢 第 1 部分：热轧带光圆钢筋》（GB 1499.1—2008） 《钢筋混凝土用钢 第 2 部分：热轧带肋钢筋》（GB 1499.2—2007）	1 组/60 t（每组 7 根，2 根冷弯，5 根称重量偏差（其中 2 根冷拉））
	焊接接头质量：抗拉强度、对焊做抗拉强度、冷弯等	《钢筋焊接及验收规程》（JGJ 18—2003）、《钢筋焊接接头试验方法标准》（JGJ/T 27—2001）	一组/300 根（或按设计要求），且每种接头不少于 1 组。对焊一组 6 根试样，3 根冷拉，3 根冷弯；搭接焊一组 3 根，只做冷拉

续表

名称	主要检测项目	主要技术标准	检测组数/批量
止水材料	橡胶止水带母材:拉伸强度、扯断伸长率、撕裂强度、老化等;接头:强度	《水工建筑物止水带技术规范》(DL/T 5215—2005)	一组/批
	铜及钢止水带母材:强度、伸长率;接头:强度		
粉煤灰	细度、烧失量、需水量比、三氧化硫等	《水工混凝土掺用粉煤灰技术规范》(DL/T 5055—2007)	1 组/200 t
锚杆	抗拔力、张拉力等	《锚杆喷射混凝土支护技术规范》(GB 50086—2001)、《水利水电工程锚喷支护技术规范》(SL 377—2007)	1 组/300 根(或按设计要求),设计变更或材料变更时应另做 1 组;每组锚杆不得少于 3 根

注:1. 表中未列的其他检验项目和依据见相关标准。

2. 检验批不足检验批量数时,按一个检验批进行检验。

3. 国家及行业颁布新规程规范及技术标准,则按新规程规范及技术标准执行。

4. 外加挤、拌和用水及土工合成材料等检测按照有关规范标准执行。

附件7 水工建筑物(设备)主要检测项目及数量

(一)地基及基础工程

名称	检测项目	检测方法	检测标准	检测数量
地基	软弱地基加固(灰土、砂和砂石、粉煤灰、强夯、注浆、预压地基)	标贯或静(动)力触探或十字板剪切强度,地基承载力检测	《既有建筑地基基础加固技术规范》(JGJ 123—2000) 《建筑地基处理技术规范》(JGJ 79—2002) 《建筑地基基础工程施工质量验收规范》(GB 50202—2002)	地基承载力检验每单位工程同一条件下不应少于3点。1 000 m^2 以上工程,每100 m^2 至少应有1点,3 000 m^2 以上工程,每300 m^2 至少应有1点;每一独立基础下至少应有1点,基槽每20延米有1点及设计要求
	复合地基承载力(水泥土搅拌桩、高压喷射注浆桩、砂石桩、振冲桩、土和灰土挤密桩、水泥粉煤灰碎石桩及夯实水泥土桩)	复合地基载荷试验		总数的0.5%~1%,但不应少于3处。有单桩强度检验要求时,数量为总数的0.5%~1%,但不应少于3根及设计要求
桩基础	工程基桩承载力(基础设计等级为甲级、乙级的桩基;地质条件复杂,成桩质量可靠性低的灌注桩;本地区采用的新型桩及新工艺等)	单桩竖向抗压静载试验	《建筑地基基础工程施工质量验收规范》(GB 50202—2002) 《建筑工程基桩检测技术规范》(JGJ 106—2003)	同一条件下不少于桩总数的1%,且不应少于3根,当总桩数少于50根时,不应少于2根及设计要求
	桩身质量	取芯、声波透射或低应变法		基础设计等级为甲级或地质条件复杂,成桩质量可靠性低的灌注桩,抽检数量不应少于总数的30%,且不应少于20根;其他桩基工程的抽检数量不应少于总数的20%,且不应少于10根;对混凝土预制桩及地下水位以上且终孔经核验的灌注桩,抽检数量不应少于总数的10%,且不得少于10根;每个柱子承台下不得少于1根及设计要求

(二)堤防及河道疏浚工程

名称	检测项目	检测方法	检测标准	检测数量
土料填筑	干密度	现场取样	《土工试验规程》(SL/T 237—1999) 《堤防工程施工质量评定与验收规程》(SL 239—1999) 《水利水电工程施工测量规范》(SL 52—93)	每2 000 m堤长至少抽检一个断面,每个断面至少抽检2层,每层不少于3点,且不得在堤防顶层取样。每个单位工程抽检样本点总数不得少于20个
	外观尺寸	断面测量		每2 000 m堤长至少抽检1个断面,每个单位工程至少抽检3个断面
干(浆)砌石护坡	厚度	量测		每2 000 m堤长至少抽检3点。每个单位工程至少抽检3点
	平整度	量测		
混凝土护坡及堤顶道路	强度	取芯	《水工混凝土试验规程》(SL 352—2006) 《钻芯法检测混凝土强度技术规程》(CECS 03:2007)	每2 000 m至少抽检一组,每组3点,每个单位工程至少抽检一组;或每500 m抽检一个点,每个单位工程至少抽检3个点
	厚度	量测		
	平整度(护坡) 宽度(道路)	量测		
护坡垫层	厚度	量测		每2 000 m堤长至少3点。每个单位工程至少抽检3点
河道疏浚	断面尺寸	测量	《水利水电工程施工测量规范》(SL 52—93) 《疏浚工程施工技术规范》(SL 17—90)	每500 m堤长至少抽检1个断面,每个单位工程至少抽检5个断面
混凝土防洪墙	强度	回弹法	《回弹法检测混凝土抗压强度技术规程》(JGJ/T 23—2001)	抽检15% ~30%墙段
		取芯	《水工混凝土试验规程》(SL 352—2006) 《堤防工程施工质量评定与验收规程》(SL 239—1999)	每2 000 m堤长至少抽检一组,每组3点。 每个单位工程至少抽检一组

(三)水闸(涵洞)、泵站及水库泄(引)水建筑物工程

名称	检测项目	检测方法	检测标准	检测数量
土料填筑	干密度	现场取样	《土工试验规程》(SL/T 237—1999) 《堤防工程施工质量评定与验收规程(试行)》(SL 239—1999) 《碾压式土石坝施工技术规范》(DL/T 5129—2001)	小型工程:每座建筑物抽检样本点总数不得少于24个; 中型工程:每座建筑物抽检样本不少于36个; 大型工程:每座建筑物抽检样本不少于48个
混凝土工程	强度	回弹法或超声回弹综合法	《回弹法检测混凝土抗压强度技术规程》(JGJ/T 23—2011) 《超声回弹综合法检测混凝土强度技术规程》(CECS 02:2005)	小型工程:每类构件抽检比例不少于30%,且不少于1个构件; 中型工程:每类构件抽检比例不少于25%,且不少于2个构件; 大型工程:每类构件抽检比例不少于20%,且不少于3个构件; 单构件时,测区数不少于10个
		取芯	《水工混凝土试验规程》(SL 352—2006) 《钻芯法检测混凝土强度技术规程》(CECS 03:2007)	小型工程:每类构件抽检比例不少于30%,且不少于1个构件; 中型工程:每类构件抽检比例不少于25%,且不少于2个构件; 大型工程:每类构件抽检比例不少于20%,且不少于3个构件; 每个构件不宜少于3个芯样,不应少于2个
	钢筋位置	电磁感应法或其他方法	《混凝土中钢筋检测技术规程》(JGJ/T 152—2008)	小型工程:每类构件抽检比例不少于30%,且不少于1个构件; 中型工程:每类构件抽检比例不少于25%,且不少于2个构件; 大型工程:每类构件抽检比例不少于20%,且不少于3个构件

参考文献

[1] 中华人民共和国建筑法[S].
[2] 建设工程质量管理规定[S].
[3] 水利工程质量管理规定[S].
[4] 水利工程质量监督管理规定[S].
[5] 水利工程质量事故处理暂行规定[S].
[6] 中华人民共和国消防法[S].
[7] 中华人民共和国环境保护法[S].
[8] 中华人民共和国安全生产法[S].
[9] 建设工程安全生产管理条例[S].
[10] 水利水电工程验收规程[S].
[11] SL 239—1999 堤防工程施工质量评定与验收规程[S].
[12] 水利工程建设安全生产管理规定[S].
[13] 水利水电工程标准施工招标文件(2009 年版)[S].
[14] 中华人民共和国水土保持法[S].
[15] SL 336—2006 水土保持工程质量评定规程[S].
[16] 水利工程建设程序管理暂行规定[S].
[17] 水利工程建设项目验收管理规定[S].
[18] 大中型水利水电工程建设征地补偿和移民安置条例[S].
[19] SL 439—2009 水利系统通信工程验收规程[S].
[20] SL 387—2007 开发建设项目水土保持设施验收技术规程[S].
[21] 水利工程建设项目管理规定[S].
[22] 中华人民共和国环境影响评价法[S].
[23] 建设项目环境保护条例[S].
[24] 建设项目竣工环境保护验收管理办法[S].
[25] 重大建设项目档案验收办法[S].
[26] 水利工程建设项目档案管理规定[S].
[27] 水利工程建设项目档案验收管理办法[S].
[28] GB/T 50326—2006 建设工程项目管理规范[S].